全国普通高校大学生竞赛排行榜榜单赛事

第14届中国大学生
计算机设计大赛
2021年 参赛指南

第14届中国大学生计算机设计大赛2021年参赛指南编写委员会 组织编写

中国铁道出版社有限公司
CHINA RAILWAY PUBLISHING HOUSE CO., LTD.

内 容 简 介

中国大学生计算机设计大赛是 2020 年全国普通高校大学生竞赛排行榜第 25 号赛事。

为了更好地指导 2021 年（第 14 届）中国大学生计算机设计大赛，大赛参赛指南编写委员会组织编写了本书。本书共分 12 章，内容包括 2021 年大赛通知，大赛章程，大赛组委会，大赛内容与分类，赛事级别、作品上推比例与参赛条件，国赛决赛承办单位管理，参赛事项，奖项设置，违规作品处理，作品评比与评比委员规范，获奖作品的研讨，2020 年获奖概况与获奖作品选登。

本书有助于规范参赛作品和提高大赛作品质量，是参赛院校，特别是参赛队指导教师的必备用书，也是参赛学生的重要参考资料。此外，本书也是从事计算机基础教学，尤其是多媒体教学很好的参考用书。

图书在版编目（CIP）数据

第 14 届中国大学生计算机设计大赛 2021 年参赛指南 / 第 14 届中国大学生计算机设计大赛 2021 年参赛指编写委员会组织编写 . —北京：中国铁道出版社有限公司，2021.7

ISBN 978-7-113-28068-0

Ⅰ. ①第… Ⅱ. ①第… Ⅲ. ①大学生-电子计算机-设计-竞赛-中国-2021-指南 Ⅳ. ① TP302-62

中国版本图书馆 CIP 数据核字（2021）第 115378 号

书　　名：第 14 届中国大学生计算机设计大赛 2021 年参赛指南

作　　者：第 14 届中国大学生计算机设计大赛 2021 年参赛指南编写委员会

策　　划：王春霞　　　　　　　　　　　编辑部电话：(010) 63551006

责任编辑：王春霞　徐盼欣

封面设计：刘　颖

赛标设计：顾群业

责任校对：苗　丹

责任印制：樊启鹏

出版发行：中国铁道出版社有限公司（100054，北京市西城区右安门西街 8 号）

网　　址：http://www.tdpress.com/51eds/

印　　刷：北京柏力行彩印有限公司

版　　次：2021 年 7 月第 1 版　2021 年 7 月第 1 次印刷

开　　本：787 mm×1 092 mm　1/16　印张：10.25　字数：250 千

书　　号：ISBN 978-7-113-28068-0

定　　价：69.00 元

前 言

  中国大学生计算机设计大赛（简称4C或"大赛"）是我国普通高校面向本科生最早的赛事之一，组筹于2007年，始创于2008年。自2008年开赛以来至2019年，一直由教育部高校与计算机相关的教指委等组织独立或联合主办。根据教育部相关文件精神，从2020年开始，大赛由以北京语言大学为法人单位的中国大学生计算机设计大赛组织委员会主办，现在是全国普通高校大学生竞赛排行榜榜单赛事之一（名列榜单第25名，第1名是中国"互联网+"大学生创新创业大赛）。

  大赛是在国家现行宪法、法律、法规的范围内，面向全国普通高校在校本科生的非营利性、公益性、科技型的群众性活动。

  大赛内容覆盖非专业的大学计算机课程的基本内容，是非专业的大学计算机课程理论教学实践活动的组成部分。大赛的创作主题与学生就业需求贴近，为在校学生提升实践能力、创新创业能力的训练提供机会，为优秀人才脱颖而出创造条件，以提高学生智力与非智力素质，提升学生运用现代信息技术解决实际问题的综合能力。

  大赛本着公平、公正、公开的原则对待每一件作品，为参赛师生提供展示才干的平台。大赛的目的是以赛促学、以赛促教、以赛促创，为国家培养德智体美劳全面发展的人才服务。

  2021年（第14届）中国大学生计算机设计大赛，是由以北京语言大学为法人单位的中国大学生计算机设计大赛组织委员会主办，参赛对象为2021年在校的所有本科生。

  大赛已成功举办了13届62场次赛事。在大赛组织过程中，以北京语言大学、中国人民大学、华东师范大学、北京大学、清华大学等为代表的广大教师做出了重要贡献。除了赛事的组织，教师们还提供了有价值的建设性意见，各参赛作品的指导教师在赛前培训辅导工作中付出了艰辛的创造性劳动。

  2021年大赛分设14个类别：（1）软件应用与开发；（2）微课与教学辅助；（3）物联网应用；（4）大数据应用；（5）人工智能应用；（6）信息可视化设计；（7）数媒静态设计（普通组）；（8）数媒静态设计（专业组）；（9）数媒动漫与短片（普通组）；（10）数媒动漫与短片（专业组）；（11）数媒游戏与交互设计

（普通组）；（12）数媒游戏与交互设计（专业组）；（13）计算机音乐创作（普通组）；（14）计算机音乐创作（专业组）。决赛定于2021年7—8月，将先后由东华大学、上海理工大学、阜阳师范大学、三江学院、福建工程学院、杭州电子科技大学与浙江音乐学院等承办。

为了更好地指导大赛，我们组织编写了这本参赛指南。

参赛指南主要章节由大赛组委会顾问卢湘鸿组织编写。参与意见或具体工作的主要还有李吉梅、杜小勇、尤晓东、周小明、王学颖等。参赛指南是中国大学生计算机设计大赛实践的总结。在此，特别感谢（排名不分先后）：黄心渊、曹永存、李四达、刘志敏、邓习峰、郑莉、吕英华、郑骏、金莹、褚宁琳、李骏扬、林菲、詹国华、潘瑞芳、杨勇、郝兴伟、徐东平、郑世珏、匡松、卢虹冰等所做出的贡献。

参赛指南共分12章，内容包括大赛通知，大赛章程，大赛组委会，大赛内容与分类，赛事级别、作品上推比例与参赛条件，国赛决赛承办单位管理，参赛事项，奖项设置，违规作品处理，作品评比与评比委员规范，获奖作品的研讨，2020年获奖概况与获奖作品选登。

其中，2020年获奖概况与特色作品选登，按竞赛题目分类编辑，以作为创作2021年参赛作品的启迪。特色作品的竞赛提交文档（含演示视频和作品素材），可通过中国铁道出版社有限公司教育资源数字化平台（网页地址 https://www.51eds.com/tdjy/courseHome/searchCourseHomeDetail.action?courseId=610）进行下载；或者扫描右侧二维码进行下载；或者登录http://www.tdpress.com/51eds/，用手机号注册后登录，在"搜索"栏选择"课程"并输入关键字（如"大赛2021"）查找，即可找到相关资源进行下载。

参赛指南的出版，得到了中国铁道出版社有限公司的大力支持。本参赛指南对于参赛作品的规范和整个大赛作品质量的提高，以及院校多媒体教学都会起到积极的作用。

对于参赛指南中的不足，欢迎大家指正、建议。

第14届中国大学生计算机设计大赛
2021年参赛指南编写委员会
2021年2月18日于北京

目 录

第8章　奖项设置   41

III

第9章　违规作品处理   43

第10章　作品评比与评比委员规范   45

第1章
2021年大赛通知

2021年（第14届）中国大学生计算机设计大赛，随新型冠状病毒肺炎疫情防控政策的调整，进行了二次通知，具体如下：

中国大学生计算机设计大赛组织委员会函件

中大计赛函〔2021〕9号

关于举办"2021年（第14届）中国大学生计算机设计大赛"的

第二次通知

各相关院校、省（直辖市、自治区）级赛区、省级直报赛区：

中国大学生计算机设计大赛是我国高校面向本科生最早的赛事之一，自2008年开赛，由教育部高校与计算机相关的教指委等独立或联合主办，现在是全国普通高校大学生竞赛排行榜榜单赛事之一。大赛的目的是以赛促学、以赛促教、以赛促创，为国家培养德智体美劳全面发展的创新型、复合型、应用型人才服务。

2021年（第14届）中国大学生计算机设计大赛由以北京语言大学为法人单位的中国大学生计算机设计大赛组织委员会主办，参赛对象为2021年在校的所有本科生（含来华留学生）。

2021年大赛分设14个类别：（1）软件应用与开发；（2）微课与教学辅助；（3）物联网应用；（4）大数据应用；（5）人工智能应用；（6）信息可视化设计；（7）数媒静态设计（普通组）；（8）数媒静态设计专业组；（9）数媒动漫与短片（普通组）；（10）数媒动漫与短片专业组；（11）数媒游戏与交互设计（普通组）；（12）数媒游戏与交互设计专业组；（13）计算机音乐创作（普通组）；（14）计算机音乐创作专业组。

大赛决赛共组合为6个决赛区：

（1）大数据应用／数媒游戏与交互设计（普通组）

承办：东华大学　　　　地点：上海　　　　时间：7.17—7.21

（2）软件应用与开发／数媒静态设计（普通组）　　　指导：山东大学

承办：上海理工大学　　地点：上海　　　　时间：7.22—7.26

（3）微课与教学辅助／数媒静态设计专业组　　　指导：东北大学

承办：阜阳师范大学　　地点：安徽省阜阳市　时间：7.27—7.31

（4）人工智能应用／数媒动漫与短片专业组　　　指导：江苏省计算机学会、东南大学

承办：三江学院　　　　地点：江苏省南京市　时间：8.13—8.17

（5）物联网应用／数媒动漫与短片（普通组）　　　指导：厦门大学

承办：福建工程学院　　地点：福建省福州市　时间：8.18—8.22

（6）信息可视化设计／数媒游戏与交互设计专业组／

计算机音乐创作（普通组）／计算机音乐创作专业组

承办：杭州电子科技大学／浙江音乐学院

地点：浙江省绍兴市上虞e游小镇　　　　时间：8.23—8.27

根据新型冠状病毒肺炎疫情防控政策现状，大赛各决赛区的全国决赛采取线上线下混合形式，参与线下答辩的规模视疫情防控政策和承办单位的承办能力而定，具体请关注各决赛区的参赛指南和相关通知。请参赛师生积极接种新冠疫苗。

请根据"大赛章程"中相关要求与本校具体情况，积极组织学生参赛，对指导教师的工作量及组队参赛的经费等方面给予大力支持。

附件1：2021年大赛内容分类、参赛要求、承办院校与决赛时间

附件2：大赛简介

附件3：大赛信息咨询联系方式

大赛信息发布网站：http://www.jsjds.com.cn

咨询信箱：baoming@jsjds.org，电话：010-82303320

中国大学生计算机设计大赛组织委员会

2021年5月15日

北京市海淀区学院路15号院综合楼183信箱

电话：010-82303436　　　　　　　　　　　　　　邮编：100083

中国大学生计算机设计大赛组织委员会函件

中大计赛函〔2021〕1 号

关于举办"2021 年（第 14 届）中国大学生计算机设计大赛"的

通　　知

各相关院校、省（直辖市、自治区）级赛区、省级直报赛区：

中国大学生计算机设计大赛是我国高校面向本科生最早的赛事之一，自 2008 年开赛，由教育部高校与计算机相关的教指委等独立或联合主办，现在是全国普通高校大学生竞赛排行榜榜单赛事之一。大赛的目的是以赛促学、以赛促教、以赛促创，为国家培养德智体美劳全面发展的创新型、复合型、应用型人才服务。

2021 年（第 14 届）中国大学生计算机设计大赛由中国大学生计算机设计大赛组织委员会主办，参赛对象为 2021 年在校的所有本科生。

2021 年大赛分设 14 个类别:（1）软件应用与开发;（2）微课与教学辅助;（3）物联网应用;（4）大数据应用;（5）人工智能应用;（6）信息可视化设计;（7）数媒静态设计（普通组）;（8）数媒静态设计（专业组）;（9）数媒动漫与短片（普通组）;（10）数媒动漫与短片（专业组）;（11）数媒游戏与交互设计（普通组）;（12）数媒游戏与交互设计（专业组）;（13）计算机音乐创作（普通组）;（14）计算机音乐创作（专业组）。

大赛决赛共组合为 6 个现场（视新冠肺炎疫情管控政策，决赛参赛方式以决赛前颁发的信息为准）：

（1）大数据应用/数媒游戏与交互设计（普通组）
　　　承办：东华大学　　　地点：上海　　　　　时间：7.17—7.21
（2）软件应用与开发/数媒静态设计（普通组）　　指导：山东大学
　　　承办：上海理工大学　　地点：上海　　　　　时间：7.22—7.26
（3）微课与教学辅助/数媒静态设计专业组　　　　指导：东北大学
　　　承办：阜阳师范大学　　地点：安徽省阜阳市　时间：7.27—7.31
（4）人工智能应用/数媒动漫与短片专业组　　　　指导：江苏省计算机学会、东南大学
　　　承办：三江学院　　　　地点：江苏省南京市　时间：8.13—8.17
（5）物联网应用/数媒动漫与短片（普通组）　　　指导：厦门大学
　　　承办：福建工程学院　　地点：福建省福州市　时间：8.18—8.22

（6）信息可视化设计/数媒游戏与交互设计专业组/

计算机音乐创作（普通组）/计算机音乐创作专业组

承办：杭州电子科技大学/浙江音乐学院

地点：浙江省绍兴市上虞e游小镇　　　　时间：8.23—8.27

请根据"大赛章程"中相关要求与本校具体情况，积极组织学生参赛，对指导教师的工作量及组队参赛的经费等方面给予大力支持。

附件1：2021年（第14届）大赛内容分类、参赛要求、承办院校与决赛时间

附件2：大赛简介

附件3：大赛信息咨询联系方式

大赛信息发布网站：http://www.jsjds.com.cn

咨询信箱：baoming@jsjds.org，电话：010-82303320

中国大学生计算机设计大赛组织委员会

2021年1月25日

北京市海淀区学院路15号院综合楼183信箱

电话：010-82303436　　　　　　　　　　　　邮编：100083

附件：

中国大学生计算机设计大赛简介

1. 大赛历史

中国大学生计算机设计大赛（简称4C或"大赛"）启筹于2007年，始创于2008年，已经举办了13届62场赛事。

第一届大赛由教育部高等学校文科计算机基础教指委独立发起主办；从第三届开始，理工类计算机教指委参与主办；从第五届开始，计算机类专业教指委参与主办；从第13届开始，根据教育部高教司的相关通知，大赛由北京语言大学聘请的由中国人民大学、华东师范大学、山东大学、厦门大学、北京大学等大学的教师组成的中国大学生计算机设计大赛组织委员会主办。大赛组委会的相应机构由相关高校、相关部门、承办单位相关人员等组成。

此外，2011—2016年中国教育电视台参与了主办；2017年，中国高教学会参与了主办；2018年，中国青少年新媒体协会参与了主办。

目前，大赛是全国普通高校大学生竞赛排行榜榜单赛事之一（榜单第1名是中国"互联网＋"大学生创新创业大赛）。

大赛国赛的参赛对象覆盖中国内地普通高校中所有专业的当年在校本科生。

大赛每年举办一次，国赛决赛时间在当年7月中旬至8月下旬。

2. 大赛前提

"三安全"是中国大学生计算机设计大赛的前提，包括政治安全、经济安全和人身安全。

（1）政治安全，是指竞赛项目的内容，要符合现行的宪法、法律和法规。

（2）经济安全，是指所有往来的经费委托承办院校处理，财务必须符合国家的相关制度。

（3）人身安全，是指现场决赛期间，务必保证参与者的人身安全。参与者包括参赛选手、指导教师、竞赛评委，以及与大赛相关的志愿者等其他人员。

3. 大赛目标

"三服务"是中国大学生计算机设计大赛的办赛目标和发展愿景，具体包括：

（1）为就业能力提升服务，即为满足学生社会就业（含深造）的需要服务，以提升学生的就业能力。

（2）为专业能力提升服务，即为满足学生本身专业相关课程实践的需要服务，以提升学生的专业能力。

（3）为创新创业能力提升服务，即为把学生培养成创新创业人才的需要服务，以提升学生的创新创业能力。

大赛是大学计算机基础课程理论教学实践活动的组成部分，是本科阶段计算机技术应用第一课堂理论学习之后进行实践的一种形式，是大学生学习的"第二课堂"。大赛旨在激发学生学习计算机知识和技能的兴趣和潜能，提高学生运用信息技术解决实际问题的综合能力，为满足学生专业能力提升的需要服务，为满足学生社会就业的需要服务，最根本是为培养学生成为德智体美劳全面发展、具有团队合作意识、具有创新创业精神和能力的跨学科、复合型、应用型人才的需要服务。

通过大赛这种计算机教学实践形式，可展示师生的教与学成果，最终以赛促学，以赛促教，以赛促创。

4. 大赛性质

大赛是非营利的、公益性的、科技型的群众活动。大赛的生命线与遵从的原则是"三公"，即公开、公平、公正。公平、公正是灵魂和基础，公开是保证公平、公正的保障。

大赛设有章程和操作规范。自2009年开始，连续12年每年出版一本参赛指南（内容包括大赛通知、大赛章程、大赛组委会、大赛内容与分类、国赛决赛承办单位管理、参赛事项、奖项设置、违规作品处理、作品评比与评比委员规范、获奖作品的研讨、获奖作品选登等），均由出版社正式出版。这种正式出版参赛指南的方式有利于社会监督、检验赛事，是目前全国所有200多个面向大学生的竞赛所仅有。

5. 大赛对象与竞赛分类

（1）大赛的国赛参赛对象是当年本科所有专业的在校学生。本赛事只服务于当年在校的各专业本科生，重点是服务于计算机的基本知识、基本技术、基本技能的应用。

（2）大赛竞赛内容目前分设：软件应用与开发、微课与教学辅助、物联网应用、大数据应用、人工智能应用、信息可视化设计、数媒静态设计、数媒动漫与短片、数媒游戏与交互设计，以及计算机音乐创作等类别。

其中，计算机音乐创作类竞赛，是我国内地开设最早的、面向大学生进行计算机音乐创作的仅有的国家级赛事。

6. 大赛现况

（1）大赛以三级竞赛形式开展，校级初赛—省级复赛—国家级决赛。学校初赛、省级复赛（包括省市区赛、跨省区域赛和省级直报赛区的选拔赛）可自行、独立组织。省级赛原则上由各省的计算机学会、省计算机教学研究会、省计算机教指委或省教育厅（市教委）主办。

由省教育厅一级参与或继续主办省级选拔赛的有天津、辽宁、吉林、黑龙江、上海、江苏、安徽、福建、山东、湖南、广东、海南、四川、云南、甘肃、新疆等。

要求校级初赛上推省级赛的比例不能高于参加校级赛有效作品数的50%，省级赛上推国赛的比例不能高于参加省级赛有效作品数的30%。

省级赛的奖项由省级赛组委会自行设置。建议省级赛一等奖作品数不高于参加省级赛有效作品数的10%，二等奖不高于20%，三等奖为30%~40%。

（2）大赛的参赛作品贴近实际，有些直接由企业命题，与社会需要相结合，有利于学生动手能力的提升，有利于创新创业人才的培养。参赛院校逐年增多，由2008年（第1届）的80所院校，发展到2020年（第13届）的800多所；参赛作品数由2008年的242件，发展到2020年的1.6万余件（参加省级赛的作品数）。

参赛作品质量也逐年提高，有些作品被CCTV采用，有些已商品化。

（3）由于秉承公开、公平、公正的原则，大赛在全国已有良好声誉，赛事的影响力也逐年提升。目前，本科参赛院校数超过一半，一流大学和一流学科的参赛院校数接近七成；

原211院校参赛学校数过半，原985大学参赛学校数过半。

大赛目前是全国普通高校大学生竞赛排行榜榜单赛事之一。

7. 结束语

中国大学生计算机设计大赛以"三安全"为前提，以"三服务"为目标，以"三公"为原则，从筹备开赛到现在，经过十多年的艰苦努力，赢得了参赛师生的支持和信任！

中国大学生计算机设计大赛的发展，将进一步地让师生受益、让学校受益、让社会受益，更好地服务于国家利益！

第2章 大赛章程

中国大学生计算机设计大赛（简称4C或"大赛"）是我国高校面向本科生最早的赛事之一，启筹于2007年，始创于2008年。自2008年开赛至2019年，一直由教育部高校与计算机相关的教指委等组织独立或联合主办。根据教育部相关文件精神，从2020年开始，大赛由以北京语言大学为法人单位的中国大学生计算机设计大赛组织委员会主办，现为全国普通高校大学生竞赛排行榜榜单赛事之一。

2.1 总则

第1条　大赛是在国家现行宪法、法律、法规范围下的面向全国高校在校本科生的非营利性、公益性、科技型的群众活动。

第2条　大赛目的

1. 激发学生学习计算机知识和技能的兴趣和潜能，提高其运用信息技术解决实际问题的综合能力，为学生就业的需要服务、为专业发展的需要服务和为创新创业人才培养的需要服务，以赛促学，以赛促教，以赛促创，为培养德智体美劳全面发展、具有团队合作意识、创新创业能力的复合型、应用型人才服务。

2. 大赛是本科生相关专业计算机知识与技能学习的一种实践形式，是教学实践活动的组成部分。通过计算机教学实践，进一步推动高校大学计算机课程有关计算机技术基本应用教学的知识体系、课程体系、教学内容和教学方法的改革，培养学生科学思维意识，切实提高计算机技术基本应用教学质量，展示师生的教学成果。

2.2 组织机构

第3条　大赛由以北京语言大学为法人单位的中国大学生计算机设计大赛组织委员会（以下简称"大赛组委会"）主办。大赛组委会是大赛的最高组织机构。大赛组委会由高校相关人员、政府相关部门、承办单位相关负责人等组成。

第4条　大赛由大赛组委会主办，大学（或与所在地方政府，或与省级高校计算机学会，或与省级高校计算机教育研究会，或与企业，或与行业等共同）承办，专家指导，学生参与，相关部门支持。

大赛组织委员会下设秘书处和专家委员会，纪律与监督委员会（简称"纪监委"）等5个工作委员会。

1. 大赛组委会下属机构由大赛组委会负责组筹，其挂靠高校有责任在经费等方面对相应机构给予必要的支持。

2. 大赛组委会秘书长主管秘书处，秘书处具体负责大赛组委会日常工作。

第5条 大赛组委会各工作委员会分别负责大赛对象确定、国赛决赛承办点落实、赛题拟定、报名发动、评委聘请、作品评比、证书印制、颁奖仪式举办、参赛人员食宿服务及其他与赛事相关的所有工作。

大赛组委会下属各工作委员会，若做出的决定欲成为大赛组委会行为时，需经大赛组委会批准。

2.3 大赛形式与规则

第6条 大赛全国统一命题，每年举办一次。国赛一般在暑假期间举行。赛事活动在当年结束。大赛的国赛一般为现场赛。根据竞赛的内容和其他需要，大赛组委会可决定采取线上决赛、线上线下混合决赛等其他决赛形式。

2021年采用线上线下混合决赛形式，包括线上或线下答辩环节。

第7条 大赛赛事采用三级赛制。

1. 校级初赛（赛事基层动员与初赛举办）。

2. 省级复赛（为参加国赛决赛推荐参赛作品和作者，省级赛包括省市区赛、跨省区域赛和省级直报赛区的选拔赛）。

3. 国家级决赛（简称"国赛"）。国家级决赛可在大赛组委会委托的承办单位所在地或其他合适的地点进行。

学校初赛、省级复赛（包括省市区赛、跨省区域赛和省级直报赛区的选拔赛）可自行、独立组织。

校级初赛、省级复赛的作品所录名次，与作品在国赛中评比、获奖等级无必然联系，不影响国家级决赛独立评比和确定作品的获奖等级。

第8条 参赛作品要求。

1. 符合国家宪法和相关法律法规，符合中华民族优秀传统、优良公共道德价值、行业规范等要求。

2. 必须是在本届大赛时间范围内（2020.7.1—2021.6.30）完成的原创作品（省级直报赛区赛事的截止日期，以大赛官网的通知为准），并体现一定的创新性或实用价值。不在本届大赛时间范围内完成的作品，不得参加本届竞赛。提交作品时，需同时提交该作品的源代码及素材文件。作品不得抄袭，不得由他人代做，也不得是参赛作者已发表（或参赛）经修改再次使用的作品。作品完成者与参赛作者必须一致，而且作品完成者人数必须满足第4章中关于该作品类别（组）的人数要求。

违规作品的处理细则，参见第9章。

3. 必须是为本届大赛所设计的校级、校际、省级选拔赛的参赛作品。凡参加过校外其他比赛并已获奖的作品，或者不具有独立知识产权的作品，或者已经转让知识产权的作品，均不得报名参加本赛事。

4. 大赛设定了主题的竞赛类组，应选择大赛组委会为本届大赛设定的主题（如2022年北京—张家口冬季奥林匹克运动会与冰雪运动）进行设计，否则将视为无效。

第9条　大赛参赛对象是决赛当年在校的本科学生（含来华留学生）。毕业班学生可以参赛，但一旦入围国赛，则必须按参赛人数比例亲自参与决赛答辩，否则将影响作品的最终成绩。

第10条　大赛只接受以学校为单位组队参赛。每校参赛作品，每个小类原则上不多于2件，每个大类（组）不多于3件。计算机音乐创作类的每校参赛作品数小类不限，大类不多于4件，具体规定请参见第4章。

第11条　参赛院校应安排有关职能部门负责参赛作品的组织、纪律监督以及内容审核等工作，保证本校竞赛的规范性和公正性，并由该学校相关部门签发组队参加大赛报名的文件。

第12条　违规作品处理

违规作品的处理细则，参见第9章。其他异议作品的处理细则，另行规定。

第13条　作品参赛经费

1. 学生参赛费用，原则上应由参赛学生所在学校承担。可以由学校与学生共同承担，也可以由学生自己承担。

2. 学校有关部门要在多方面积极支持大赛工作，对指导教师要在工作量、活动经费等方面给予必要的支持。

第14条　参加决赛作品，作者享有署名权、使用权，大赛组委会对作品享有不以营利为目的使用权；作品其他权利，由作者和大赛组委会共同所有。

2.4 评奖办法

第15条　大赛组委会本着公开、公平、公正的原则，组织评审参赛作品。

第16条　各个省级赛（包括省市区赛、跨省区域赛和省级直报赛区的选拔赛）按参加省级赛有效作品数的30%，上推入围国赛。

第17条　上推入围国赛的作品，经资格审查、入围公示并确认合格后，确定为入围国赛的作品，其名单将在大赛网站公告，同时通知各参赛院校。

第18条　入围国赛作品将集中进行全国决赛。全国决赛包括作品展示与说明、作品答辩、专家评审，部分作品的大范围展示、点评研讨等环节。

大赛组委会可根据需要，对入围国赛的作品进行线上决赛初评，以确定进入国赛答辩环节（即决赛复评）的作品和参赛选手。经线上决赛初评而没有进入决赛复评环节的作品，最高可获得国赛三等奖。

第19条　入围国赛作品的获奖比例，按实际参加国赛的合格作品数量计算，一等奖不高于实际参赛合格作品数的5%，二等奖不高于实际参赛合格作品数的25%，三等奖不高于实际参赛合格作品数的50%。入围国赛的作品，若发现违规，则按第9章的违规作品处理细则进行违规处理。

上述评奖比例分别按比赛作品类别大类中的小类计算。本届共设置14个大类，包括软件应用与开发、微课与教学辅助、物联网应用、大数据应用、人工智能应用、信息可视化设计、数媒静态设计（普通组）、数媒静态设计（专业组）、数媒动漫与短片（普通组）、数媒动漫与短片（专业组）、数媒游戏与交互设计（普通组）、数媒游戏与交互设计（专业组）、计算机音乐创作（普通组）和计算机音乐创作（专业组）。各大类应有各自的一等奖，各类别之间获奖名额不得互相挪用；各个大类中包含一个或多个小类，各小类原则上也应有各自的各级奖项，各小类之间奖项名额不得挪用。

2.5 公示与异议

第20条　为使大赛评比公平、公正、公开，大赛实行公示与异议制度。

第21条　对参赛作品，大赛组委会将分阶段（如报名、省级赛上推入围国赛、国赛决赛）在大赛网站上公示，以供监督、评议。任何个人和单位均可提出异议，由大赛组委会纪律与监督委员会受理。

第22条　受理异议的重点是违反竞赛章程的行为，包括作品抄袭、重复参赛、他人代做、不公正的评比等。

第23条　异议形式大赛仅受理实名提出的异议，匿名提出的异议无效。

1. 个人提出的异议，须写明本人的真实姓名、所在单位、通信地址、联系手机号码、电子邮件地址等，并需提交身份证复印件和具有本人亲笔签名的异议书。

2. 单位提出的异议，须写明联系人的真实姓名、通信地址、联系手机号码、电子邮件地址等，并需提交加盖本单位公章和负责人亲笔签名的异议书。

3. 大赛组委会纪监委对提出异议的个人或单位的信息负有保密职责。

4. 与异议有关的学校的相关部门，要协助大赛组委会纪监委对异议作品进行调查。

5. 纪监委在公示期或公示期结束后的适当时间（如每年的10月下旬前）向提出异议的个人或单位答复处理结果。

第24条　异议原则上（通常）限于公示期。若在公示期之外，对已获奖作品提出异议，只要是有真凭实据的举报参赛作品的抄袭、他人代做等侵权行为，纪监委均应受理，何时发现何时处理，决不姑息。

违规作品的处理细则，参见第9章。

2.6 经费

第25条　大赛经费由主办、承办、协办和参赛单位共同筹集。各项费用标准依据历年承办经验和实际情况，由大赛组委会研究确定。

每个参加国赛的作品，均需缴纳报名费。

每个参加国赛的作品均需交评审费。评审费主要用于评比委员的交通、劳务等补贴。

每位参加国赛决赛的成员（包括参赛作品作者、指导教师和领队）均需交纳赛务费。通常情况下，赛务费主要用于参赛人员餐费、保险以及其他（如证书）等开支。

正常情况下，国赛承办单位负责为参赛师生和评比委员统一安排住宿，费用自理。

第26条　在不违反大赛评比公开、公平、公正原则及不损害大赛及相关各方声誉的前提下，大赛接受各企业、事业单位或个人向大赛提供经费或其他形式的捐赠资助。

第27条　大赛属非营利性、公益性、科技型的群众活动，所筹经费仅以满足大赛赛事本身的各项基本需要为原则。经费应遵循国家财务制度，直接用于竞赛本身和参赛学生，承办学校或个人不得截流挪作他用。

第28条　国赛承办院校，在竞赛活动结束后应在规定时间内按照指定格式，上报财务决算报告与决赛总结。

国赛承办院校的财务决赛报告，应在国赛当年内完成。

2.7　国赛决赛承办单位的职责

第29条　国赛承办单位要与组委会签订承办协议，具体规定承办单位的职责和权利。

第30条　国赛承办单位有责任在必要时通过其法律顾问为大赛提供法律援助。

2.8　附则

第31条　大赛赛事的未尽事宜，将另行制定补充章程。补充章程中的相应规定，与本章程具有同等效力。

第32条　本章程的解释权属大赛组委会。

第3章
大赛组委会

中国大学生计算机设计大赛（简称4C或"大赛"）是我国内地高校最早面向普通高校本科生的赛事之一。自2008年开赛至2019年，一直由教育部高校与计算机相关的教指委等组织或独立或联合主办。现为全国普通高校大学生竞赛排行榜榜单赛事之一。

本届大赛由以北京语言大学为法人单位的中国大学生计算机设计大赛组委会主办。

2021年度大赛组委会基本构架如下。

3.1 名誉主任

（按姓氏笔画排序）：

周远清（教育部）

靳　诺（中国人民大学）

3.2 组委会资深顾问

陈国良（中国科学技术大学，中国科学院）

3.3 组委会主任

刘　利（北京语言大学）

3.4 组委会常务副主任

杜小勇（中国人民大学）

13

3.5　组委会副主任

（按姓氏笔画排序）：

王　瑞（浙江音乐学院）　　　　王建华（东北大学）

韦　穗（安徽大学）　　　　　　吕英华（东北师范大学）

吴　臻（山东大学）　　　　　　金保昇（东南大学）

周大旺（厦门大学）　　　　　　周傲英（华东师范大学）

徐江荣（杭州电子科技大学）　　舒慧生（东华大学）

3.6　组委会顾问

卢湘鸿（北京语言大学）

3.7　组委会秘书长

李吉梅（北京语言大学）

3.8　组委会常务委员

（按姓氏笔画排序）：

王移芝（北京交通大学）　　　　卢虹冰（空军医科大学）

匡　松（西南财经大学）　　　　刘　渊（江南大学）

何钦铭（浙江大学）　　　　　　张　孝（中国人民大学）

张　莉（北京航空航天大学）　　陈汉武（东南大学）

陈华宾（厦门大学）　　　　　　林　菲（杭州电子科技大学）

金　莹（南京大学）　　　　　　郑　莉（清华大学）

郑　骏（华东师范大学）　　　　赵　欢（湖南大学）

郝兴伟（山东大学）　　　　　　耿国华（西北大学）

桂小林（西安交通大学）　　　　徐东平（武汉理工大学）

郭　耀（北京大学）　　　　　　黄　达（东北大学）

黄心渊（中国传媒大学）　　　　龚沛曾（同济大学）

曾　一（重庆大学）

3.9　组委会副秘书长

（按姓氏笔画排序）：

尤晓东（中国人民大学）　　　　　　　陈　为（浙江大学）

别荣芳（北京师范大学）　　　　　　徐东平（武汉理工大学）

3.10　组委会秘书处办公室

主任：
李吉梅（兼）

成员（按姓氏笔画排序）：
王　翔（华中师范大学）　　　　　王学颖（沈阳师范大学）
严宝平（南京艺术学院）　　　　　杨　勇（安徽大学）
赵慧周（北京语言大学）　　　　　贾刚勇（杭州电子科技大学）
曹淑艳（对外经济贸易大学）　　　董卫军（西北大学）

3.11　说明

1. 中国大学生计算机设计大赛系公益性、非营利性、科技型的群众活动，在国家现行宪法、法律、法规的范围内，依照本赛事的"大赛章程"运行。
2. 大赛组委会的下属委员会的组成，另行公布。

第4章
大赛内容与分类

4.1 大赛内容的依据与分类

4.1.1 大赛竞赛内容的主要依据

大赛覆盖本科大学计算机课程的基本内容，是计算机应用技术理论教学实践的组成部分，是计算机应用技术理论教学实践的一种形式。

根据《国务院办公厅关于深化高等学校创新创业教育改革实施意见》（国办发〔2015〕36号）、《关于深化本科教育教学改革 全面提高人才培养质量的意见》（教高〔2019〕6号）等的精神，依据本科大学计算机课程教学要求，制定大赛竞赛的主要目标：

（1）为就业服务，即为满足学生社会就业（含深造）的需要服务，以提升学生的就业能力。

（2）为专业服务，即为满足学生本身专业相关课程实践的需要服务，以提升学生的专业能力。

（3）为创新创业服务，即为把学生培养成创新创业人才的需要服务，以提升学生的创新创业能力。

说明：作品中若有地图，请确认地图以国家标准地图为准，并在作品中说明。若无说明，将可能导致奖项等级降低甚至终止本作品参赛。

4.1.2 大赛作品内容的大类（组）与主题说明

1. 大赛作品内容，共分14大类（组）。

（1）软件应用与开发。

（2）微课与教学辅助。

（3）物联网应用。

（4）大数据应用。

（5）人工智能应用。

（6）信息可视化设计。

（7）数媒静态设计（普通组）。

（8）数媒静态设计（专业组）。

（9）数媒动漫与短片（普通组）。

（10）数媒动漫与短片（专业组）。

（11）数媒游戏与交互设计（普通组）。

（12）数媒游戏与交互设计（专业组）。

（13）计算机音乐创作（普通组）。

（14）计算机音乐创作（专业组）。

2. 数媒各大类参赛作品参赛时，按普通组与专业组分别进行。

界定数媒类作品专业组的专业清单（参考教育部2020年发布新专业目录），具体包括：

（1）教育学类：040105 艺术教育。

（2）新闻传播学类：050302 广播电视学、050303 广告学、050306T 网络与新媒体、050307T 数字出版。

（3）机械类：080205 工业设计。

（4）计算机类：080906 数字媒体技术、080912T 新媒体技术、080913T 电影制作、080916T 虚拟现实技术。

（5）建筑类：082801 建筑学、082802 城乡规划、082803 风景园林、082805T 人居环境科学与技术、082806T 城市设计。

（6）林学类：090502 园林。

（7）戏剧与影视学类：130303 电影学、130305 广播电视编导、130307 戏剧影视美术设计、130310 动画、130311T 影视摄影与制作、130312T 影视技术。

（8）美术学类：130401 美术学、130402 绘画、130403 雕塑、130404 摄影、130405T 书法学、130406T 中国画、130408TK 跨媒体艺术、130410T 漫画。

（9）设计学类：130501 艺术设计学、130502 视觉传达设计、130503 环境设计、130504 产品设计、130505 服装与服饰设计、130506 公共艺术、130507 工艺美术、130508 数字媒体艺术、130509T 艺术与科技、130511T 新媒体艺术、130512T 包装设计。

3. 计算机音乐创作类参赛作品参赛时，按普通组与专业组分别进行。

同时符合以下三个条件的作者，划归计算机音乐创作类专业组。

（1）在以专业音乐学院、艺术学院与类似院校（如武汉音乐学院、南京艺术学院、中国传媒大学）、师范大学或普通本科院校的音乐专业或艺术系科就读。

（2）所在专业是电子音乐制作或作曲、录音艺术等类似专业，如电子音乐制作、电子音乐作曲、音乐制作、作曲、音乐录音、新媒体（流媒体）音乐，以及其他名称但实质相似的专业。

（3）在校期间，接受过以计算机硬、软件为背景（工具）的音乐创作、录音艺术课程的正规教育。

其他不同时具备以上三个条件的作者，均划归为普通组。

4. 大赛数媒类与计算机音乐创作类作品的主题。

2021年（第14届）中国大学生计算机设计大赛数媒类与计算机音乐创作类作品的主题为"2022年北京—张家口冬季奥林匹克运动会与冰雪运动"。不忘本来，吸收外来，面向未来。大赛在每年设置作品主题时，将继续体现1911年前中华优秀传统文化元素。2021

年大赛主题对应的中华优秀传统文化元素为"中国古代体育运动"。

大赛主题的核心是围绕北京冰雪冬奥、冬季体育运动，以及与古代体育运动相关的中华优秀传统文化元素。

具体地，2021年大赛数媒类与计算机音乐创作类的作品内容主题包括：

（1）2022年北京—张家口冬季奥林匹克运动会。

（2）冰雪运动。

（3）冬季体育运动。

（4）中国古代体育运动。例如，运动项目包括蹴鞠（类似于现代足球）、角力（类似于现代摔跤）、捶丸（类似于现代曲棍球）、马球、射箭、五禽戏、武术等；古代体育运动相关元素包括诗词、建筑、服饰、人物等。

4.1.3 大赛作品内容的类别与说明

1. 软件应用与开发

包括以下小类：

（1）Web应用与开发。

（2）管理信息系统。

（3）移动应用开发（非游戏类）。

（4）算法设计与应用。

说明：

（1）软件应用与开发的作品是指运行在计算机（含智能手机）、网络、数据库系统之上的软件，提供信息管理、信息服务、移动应用、算法设计等功能或服务。

（2）本大类每队参赛人数为1~3人，指导教师不多于2人。

（3）每位作者在本大类只能提交1件作品，无论作者排名如何。

（4）每位指导教师，在本大类国赛中不能指导多于3件作品，每小类不能指导多于2件作品，无论指导教师的排名如何。

（5）每件作品答辩时（含视频答辩），作者的作品介绍时长应不超过10分钟。

（6）每校参加省级赛（包括省市区赛、跨省区域赛和省级直报赛区的选拔赛）每小类作品数量，由各省级赛区组委会自行规定。本大类每校最终入围国赛的作品不多于3件。

2. 微课与教学辅助

包括以下小类：

（1）计算机基础与应用类课程微课（或教学辅助课件）。

（2）中、小学数学或自然科学课程微课（或教学辅助课件）。

（3）汉语言文学（唐诗宋词）微课（或教学辅助课件）。

（4）虚拟实验平台。

说明：

（1）微课是指运用信息技术，按照认知规律，呈现碎片化学习内容、过程及扩展素材的结构化数字资源，其内容以教学短视频为核心，并包含与该教学主题相关的教学设计、素材课件、教学反思、练习测试及学生反馈、教师点评等辅助性教学资源。

（2）教学辅助课件是指根据教学大纲的要求，经过教学目标确定、教学内容和任务分析、教学活动结构及界面设计等环节，运用信息技术手段制作的课程软件。（3）微课与教学辅助课件类作品，应是经过精心设计的信息化教学资源，能多层次、多角度开展教学，实现因材施教，更好地服务受众。本类作品选题限定于大学计算机基础、汉语言文学（唐诗宋词）和中小学自然科学相关教学内容三个方面。作品应遵循科学性和思想性统一、符合认知规律等原则，作品内容应立足于教材的相关知识点展开，其立场、观点需与教材保持一致。

（4）虚拟实验平台是指借助多媒体、仿真和虚拟现实等技术在计算机上营造可辅助、部分替代或全部替代传统教学和实验各操作环节的相关软硬件操作环境。

（5）本大类每队参赛人数为1~3人，指导教师不多于2人。

（6）每位作者在本大类只能提交1件作品，无论作者排名如何。

（7）每位指导教师，在本大类国赛中不能指导多于3件作品，每小类不能指导多于2件作品，无论指导教师的排名如何。

（8）每件作品答辩时（含视频答辩），作者的作品介绍时长应不超过10分钟。

（9）每校参加省级赛（包括省市区赛、跨省区域赛和省级直报赛区的选拔赛）每小类作品数量，由各省级赛区组委会自行规定。本大类每校最终入围国赛的作品不多于3件。

3. 物联网应用

包括以下小类：

（1）城市管理。

（2）医药卫生。

（3）运动健身。

（4）数字生活。

（5）行业应用。

说明：

（1）城市管理小类作品是基于全面感知、互联、融合、智能计算等技术，以服务城市管理为目的，以提升社会经济生活水平为宗旨，形成某一具体应用的完整方案。例如，智慧交通、城市公用设施、市容环境与环境秩序监控、城市应急管理、城市安全防护、智能建筑、文物保护、数字博物馆等。

（2）医药卫生小类作品应以物联网技术为支撑，实现智能化医疗保健和医疗资源的智能化管理，满足医疗健康信息、医疗设备与用品、公共卫生安全的智能化管理与监控等方面的需求。建议但不限于如下方面：医院应用，如移动查房、婴儿防盗、自动取药、智能药瓶等；家庭应用，如远程监控家庭护理，包括婴儿监控、多动症儿童监控、老年人生命体征家庭监控、老年人家庭保健、病人家庭康复监控、医疗健康监测、远程健康保健、智能穿戴监测设备等。

（3）运动健康小类作品应以物联网技术为支撑，以提高运动训练水平和大众健身质量为目的。建议但不限于如下方面：运动数据分析、运动过程跟踪、运动效果监测、运动兴趣培养、运动习惯养成以及职业运动和体育赛事的专用管理训练系统和设备。

（4）数字生活小类作品应以物联网技术为支撑，通过稳定的通信方式实现家庭网络中各类电子产品之间的"互联互通"，以提升生活水平、提高生活便利程度为目的，包括各类消费电子产品、通信产品、信息家电以及智能家居等。鼓励选手设计和创作利用各种传感器解决生活中的问题、满足生活需求的作品。

（5）行业应用小类作品应以物联网技术为支撑，解决某行业领域某一问题或实现某一功能，以提高生产效率、提升产品价值为目的，包括物联网技术在工业、零售、物流、农林、环保以及教育等行业的应用。

（6）作品必须有可展示的实物系统，需提交实物系统功能演示视频（不超过10分钟）与相关设计说明书，现场答辩过程应对作品实物系统进行功能演示。

（7）本大类每队参赛人数为1~3人，指导教师不多于2人。

（8）每位作者在本大类只能提交1件作品，无论作者排名如何。

（9）每位指导教师，在本大类国赛中不能指导多于3件作品，每小类不能指导多于2件作品，无论指导教师的排名如何。

（10）每校参加省级赛（包括省市区赛、跨省区域赛和省级直报赛区的选拔赛）每小类作品数量，由各省级赛区组委会自行规定。本大类每校最终入围国赛的作品不多于3件。

4. 大数据应用

包括以下小类：

（1）大数据实践赛。

（2）大数据主题赛。

说明：

（1）大数据实践赛作品指利用大数据思维发现社会生活和学科领域的应用需求，利用大数据和相关新技术设计解决方案，实现数据分析、业务智能、辅助决策等应用。要求参赛作品以研究报告的形式呈现成果，报告内容主要包括数据来源、应用场景、问题描述、系统设计与开发、数据分析与实验、主要结论等。参赛作品应提交的资料包括研究报告、可运行的程序、必要的实验分析，以及数据集和相关工具软件。

作品涉及的领域包括但不限于：

① 环境与人类发展大数据（气象、环境、资源、农业、人口等）。

② 城市与交通大数据（城市、道路交通、物流等）。

③ 社交与Web大数据（舆情、推荐、自然语言处理等）。

④ 金融与商业大数据（金融、电商等）。

⑤ 法律大数据（司法审判、普法宣传等）。

⑥ 生物与医疗大数据。

⑦ 文化与教育大数据（教育、艺术、文化、体育等）。

（2）大数据主题赛采用组委会命题方式，一般为1~3个赛题，各参赛队任选一个赛题参加，赛题将适时在大赛官网公布。

（3）本类每队参赛人数为1~3人，指导教师不多于2人。

（4）每位作者在本类只能提交1件作品，无论作者排名如何。

（5）每位指导教师在本类国赛中不能指导多于2件作品，无论指导教师的排名如何。

（6）每件作品答辩时（含视频答辩），作者的作品介绍时长（含作品的现场演示）应不超过10分钟。

（7）每校参加省级赛（包括省市区赛、跨省区域赛和省级直报赛区的选拔赛）每小类作品数量，由各省级赛区组委会自行规定。本大类每校最终入围国赛的作品不多于3件。

5. 人工智能应用（百度杯）

包括以下小类：

（1）人工智能实践赛。

（2）人工智能挑战赛。

说明：

（1）人工智能实践赛是针对某一领域的特定问题，提出基于人工智能的方法与思想的解决方案。这类作品，需要有完整的方案设计与代码实现，撰写相关文档，主要内容包括作品应用场景、设计理念、技术方案、作品源代码、用户手册、作品功能演示视频等。本类作品必须有具体的方案设计与技术实现，现场答辩时，必须对系统功能进行演示。作品涉及的领域包括但不限于：智能城市与交通（包括汽车无人驾驶）、智能家居与生活、智能医疗与健康、智能农林与环境、智能教育与文化、智能制造与工业互联网、三维建模与虚拟现实、自然语言处理、图像处理与模式识别方法研究、机器学习方法研究。

人工智能实践赛是参赛者自主命题项目，凡采用百度飞桨开源深度学习平台的作品皆属于百度赛道，其他的属于普通赛道。

（2）人工智能挑战赛采用组委会命题方式，一般为3~5题，各参赛队任选一赛题参加，赛题将适时在大赛官网公布。挑战类项目将进行现场测试，并以测试效果与答辩成绩综合评定最终排名。

（3）本大类每队参赛人数为1~3人，指导教师不多于2人。

（4）每位作者在本大类只能提交1件作品，无论作者排名如何。

（5）每位指导教师，在本大类国赛中不能指导多于3件作品，每小类不能指导多于2件作品，无论指导教师的排名如何。

（6）每件作品答辩时（含视频答辩），作者的作品介绍时长应不超过10分钟。

（7）每校参加省级赛（包括省市区赛、跨省区域赛和省级直报赛区的选拔赛）每小类作品数量，由各省级赛组委会自行规定。本大类中，每校最终入围国赛人工智能实践赛的作品不多于3件、人工智能挑战赛的作品每题不多于1件。

6. 信息可视化设计

包括以下小类：

（1）信息图形设计。

（2）动态信息影像（MG动画）。

（3）交互信息设计。

（4）数据可视化。

说明：

（1）信息可视化设计侧重用视觉化的方式，归纳和表现信息与数据的内在联系、模式和结构。

（2）信息图形指信息海报、信息图表、信息插图、地图、信息导视或科普图形。

（3）动态信息影像指以可视化信息呈现为主的动画或影像合成作品。

（4）交互信息设计指基于电子触控媒介的界面设计，如交互图表以及仪表板设计。

（5）数据可视化是指基于编程工具、开源软件或数据分析工具等实现的可视化作品。

（6）该类别要求作品具备艺术性、科学性、完整性、流畅性和实用性，而且作者需要对参赛作品信息数据来源的真实性、科学性与可靠性进行说明，并提供源文件。该类别作品需要提供完整的方案设计与技术实现的说明，特别是设计思想与现实意义。数据可视化作品还需说明作品应用场景、设计理念，提交作品源代码、作品功能演示录屏等。

（7）本大类每队参赛人数为1~3人，指导教师不多于2人。

（8）每位作者在本大类只能提交1件作品，无论作者排名如何。

（9）每位指导教师，在本大类国赛中不能指导多于3件作品，每小类不能指导多于2件作品，无论指导教师的排名如何。

（10）每件作品答辩时（含视频答辩），作者的作品介绍时长应不超过10分钟。

（11）每校参加省级赛（包括省市区赛、跨省区域赛和省级直报赛区的选拔赛）每小类作品数量，由各省级赛自行规定。本大类（组）每校最终入围国赛的作品不多于3件。

7. 数媒静态设计

包括以下小类：

（1）平面设计。

（2）环境设计。

（3）产品设计。

说明：

（1）本大类的参赛作品应以2022年北京—张家口冬奥会、冰雪运动、冬季体育运动和中华古代体育运动相关元素为主题进行创作，以弘扬奥林匹克精神，普及冬奥会运动项目、奥运文化和知识。

（2）平面设计，内容包括服饰、手工艺、手工艺品、海报招贴设计、书籍装帧、包装设计等利用平面视觉传达设计的展示作品。

（3）环境设计，内容包括空间形象设计、建筑设计、室内设计、展示设计、园林景观设计、公共设施小品（景观雕塑、街道设施等）设计等环境艺术设计相关作品。

（4）产品设计，内容包括传统工业和现代科技产品设计，即有关生活、生产、运输、交通、办公、家电、医疗、体育、服饰等工具或生产设备等领域产品设计作品。该小类作品必须提供表达清晰的设计方案，包括产品名称、效果图、细节图、必要的结构图、基本外观尺寸图、产品创新点描述、制作工艺、材质等，如有实物模型更佳。要求体现创新性、可行性、美观性、环保性、完整性、经济性、功能性、人体工学及系统整合。

（5）本大类作品分普通组与专业组进行报赛与评比。普通组与专业组的划分，参见4.1.2节第2点所述。

（6）参赛作品有多名作者的，如有任何一名作者的专业属于专业组专业清单，则该作品属于专业组作品。属于专业组的作品只能参加专业组竞赛，不得参加普通组的竞赛；属于普通组的作品只能参加普通组竞赛，不得参加专业组的竞赛。

（7）本大类每队参赛人数为1~3人，指导教师不多于2人。

（8）每位作者在本类（组）只能提交1件作品，无论作者排名如何。

（9）每位指导教师，在本大类国赛中不能指导多于3件作品，每小类不能指导多于2件作品，无论指导教师的排名如何。

（10）每件作品答辩时（含视频答辩），作者的作品介绍时长应不超过10分钟。

（11）每校参加省级赛（包括省市区赛、跨省区域赛和省级直报赛区的选拔赛）每小类作品数量，由各省级赛自行规定。本大类（组）每校最终入围国赛的作品不多于3件。

8. 数媒静态设计专业组

包括以下小类：

（1）平面设计。

（2）环境设计。

（3）产品设计。

说明：

（1）本大类的参赛作品应以2022年北京—张家口冬奥会、冰雪运动、冬季体育运动和中华古代体育运动相关元素为主题进行创作，以弘扬奥林匹克精神，普及冬奥会运动项目、奥运文化和知识。

（2）平面设计，内容包括服饰、手工艺、手工艺品、海报招贴设计、书籍装帧、包装设计等利用平面视觉传达设计的展示作品。

（3）环境设计，内容包括空间形象设计、建筑设计、室内设计、展示设计、园林景观设计、公共设施小品（景观雕塑、街道设施等）设计等环境艺术设计相关作品。

（4）产品设计，内容包括传统工业和现代科技产品设计，即有关生活、生产、运输、交通、办公、家电、医疗、体育、服饰等工具或生产设备等领域产品设计作品。该小类作品必须提供表达清晰的设计方案，包括产品名称、效果图、细节图、必要的结构图、基本外观尺寸图、产品创新点描述、制作工艺、材质等，如有实物模型更佳。要求体现创新性、可行性、美观性、环保性、完整性、经济性、功能性、人体工学及系统整合。

（5）本大类作品分普通组与专业组进行报赛与评比。普通组与专业组的划分，参见4.1.2节中第2点所述。

（6）参赛作品有多名作者的，如有任何一名作者的专业属于专业组专业清单，则该作品属于专业组作品。属于专业组的作品只能参加专业组竞赛，不得参加普通组竞赛；属于普通组的作品只能参加普通组竞赛，不得参加专业组竞赛。

（7）本大类每队参赛人数为1~3人，指导教师不多于2人。

（8）每位作者在本类（组）只能提交1件作品，无论作者排名如何。

（9）每位指导教师，在本大类国赛中不能指导多于3件作品，每小类不能指导多于2件作品，无论指导教师的排名如何。

（10）每件作品答辩时（含视频答辩），作者的作品介绍时长应不超过10分钟。

（11）每校参加省级赛（包括省市区赛、跨省区域赛和省级直报赛区的选拔赛）每小类作品数量，由各省级赛自行规定。本大类（组）每校最终入围国赛的作品不多于3件。

9. 数媒动漫与短片

包括以下小类：

（1）微电影。

（2）数字短片。

（3）纪录片。

（4）动画。

（5）新媒体漫画。

说明：

（1）本大类的参赛作品应以2022年北京—张家口冬奥会、冰雪运动、冬季体育运动和中华古代体育运动相关元素为主题进行创作，以弘扬奥林匹克精神，普及冬奥会运动项目、奥运文化和知识。

（2）微电影作品，应是借助电影拍摄手法创作的视频短片，反映一定故事情节和剧本创作。

（3）数字短片作品，是利用数字化设备拍摄的各类短片。

（4）纪录片作品，是利用数字化设备和纪实的手法，拍摄的反映人文、历史、景观和文化的短片。

（5）动画作品，是利用计算机创作的二维、三维动画，包含动画角色设计、动画场景设计、动画动作设计、动画声音和动画特效等内容。

（6）新媒体漫画作品，是利用数字化设备、传统手绘漫画创作和表现手法，创作的静态、动态和可交互的数字漫画作品。

（7）本大类作品分普通组与专业组进行报赛与评比。普通组与专业组的划分，参见4.1.2节中第2点所述。

（8）参赛作品有多名作者的，如有任何一名作者的专业属于专业组专业清单，则该作品属于专业组作品。属于专业组的作品只能参加专业组竞赛，不得参加普通组的竞赛；属于普通组的作品只能参加普通组竞赛，不得参加专业组的竞赛。

（9）本大类每队参赛人数为1~5人，指导教师不多于2人。

（10）每位作者在本大类（组）只能提交1件作品，无论作者排名如何。

（11）每位指导教师，在本大类国赛中不能指导多于3件作品，每小类不能指导多于2件作品，无论指导教师的排名如何。

（12）每件作品答辩时（含视频答辩），作者的作品介绍时长应不超过10分钟。

（13）每校参加省级赛（包括省市区赛、跨省区域赛和省级直报赛区的选拔赛）每小类作品数量，由各省级赛自行规定。本大类（组）每校最终入围国赛的作品不多于3件。

10. 数媒动漫与短片专业组

包括以下小类：

（1）微电影。

（2）数字短片。

（3）纪录片。

（4）动画。

（5）新媒体漫画。

说明：

（1）本大类的参赛作品应以2022年北京—张家口冬奥会、冰雪运动、冬季体育运动和中华古代体育运动相关元素为主题进行创作，以弘扬奥林匹克精神，普及冬奥会运动项目、奥运文化和知识。

（2）微电影作品，应是借助电影拍摄手法创作的视频短片，反映一定故事情节和剧本创作。

（3）数字短片作品，是利用数字化设备拍摄的各类短片。

（4）纪录片作品，是利用数字化设备和纪实的手法，拍摄的反映人文、历史、景观和文化的短片。

（5）动画作品，是利用计算机创作的二维、三维动画，包含动画角色设计、动画场景设计、动画动作设计、动画声音和动画特效等内容。

（6）新媒体漫画作品，是利用数字化设备、传统手绘漫画创作和表现手法，创作的静态、动态和可交互的数字漫画作品。

（7）本大类作品分普通组与专业组进行报赛与评比。普通组与专业组的划分，参见4.1.2节中第2点所述。

（8）参赛作品有多名作者的，如有任何一名作者的专业属于专业组专业清单，则该作品属于专业组作品。属于专业组的作品只能参加专业组竞赛，不得参加普通组的竞赛；属于普通组的作品只能参加普通组竞赛，不得参加专业组的竞赛。

（9）本大类每队参赛人数为1~5人，指导教师不多于2人。

（10）每位作者在本大类（组）只能提交1件作品，无论作者排名如何。

（11）每位指导教师，在本大类国赛中不能指导多于3件作品，每小类不能指导多于2件作品，无论指导教师的排名如何。

（12）每件作品答辩时（含视频答辩），作者的作品介绍时长应不超过10分钟。

（13）每校参加省级赛（包括省市区赛、跨省区域赛和省级直报赛区的选拔赛）每小类作品数量，由各省级赛自行规定。本大类（组）每校最终入围国赛的作品不多于3件。

11. 数媒游戏与交互设计

包括以下小类：

（1）游戏设计。

（2）交互媒体设计。

（3）虚拟现实VR与增强现实AR。

说明：

（1）本大类的参赛作品应以2022年北京—张家口冬奥会、冰雪运动、冬季体育运动和中华古代体育运动相关元素为主题进行创作，以弘扬奥林匹克精神，普及冬奥会运动项目、奥运文化和知识。

（2）游戏设计作品的内容包括游戏角色设计、场景设计、动作设计、关卡设计、交互设计，是能体现反映主题，具有一定完整度的游戏作品。

（3）交互媒体设计，是利用各种数字交互技术、人机交互技术，借助计算机输入/输出设备、语音、图像、体感等各种手段，与作品实现动态交互。作品需体现一定的交互性与互动性，不能仅为静态版式设计。

（4）虚拟现实VR与增强现实AR作品，是利用VR、AR、MR、XR、AI等各种虚拟交互技术创作的围绕主题的作品。作品具有较强的视效沉浸感、用户体验感和作品交互性。

（5）本大类作品分普通组与专业组进行报赛与评比。普通组与专业组的划分，参见4.1.2节中第2点所述。

（6）参赛作品有多名作者的，如有任何一名作者的专业属于专业组专业清单，则该作品属于专业组作品。属于专业组的作品只能参加专业组竞赛，不得参加普通组的竞赛；属于普通组的作品只能参加普通组竞赛，不得参加专业组的竞赛。

（7）本大类每队参赛人数为1~5人，指导教师不多于2人。

（8）每位作者在本类（组）只能提交1件作品，无论作者排名如何。

（9）每位指导教师，在本大类国赛中不能指导多于3件作品，每小类不能指导多于2件作品，无论指导教师的排名如何。

（10）每件作品答辩时（含视频答辩），作者的作品介绍时长应不超过10分钟。

（11）每校参加省级赛（包括省市区赛、跨省区域赛和省级直报赛区的选拔赛）每小类作品数量，由各省级赛自行规定。本大类（组）每校最终入围国赛的作品不多于3件。

12. 数媒游戏与交互设计专业组

包括以下小类：

（1）游戏设计。

（2）交互媒体设计。

（3）虚拟现实VR与增强现实AR。

说明：

（1）本大类的参赛作品应以2022年北京—张家口冬奥会、冰雪运动、冬季体育运动和中华古代体育运动相关元素为主题进行创作，以弘扬奥林匹克精神，普及冬奥会运动项目、奥运文化和知识。

（2）游戏设计作品的内容包括游戏角色设计、场景设计、动作设计、关卡设计、交互设计，是能体现反映主题，具有一定完整度的游戏作品。

（3）交互媒体设计，是利用各种数字交互技术、人机交互技术，借助计算机输入/输出设备、语音、图像、体感等各种手段，与作品实现动态交互。作品需体现一定的交互性与互动性，不能仅为静态版式设计。

（4）虚拟现实VR与增强现实AR作品，是利用VR、AR、MR、XR、AI等各种虚拟交互技术创作的围绕主题的作品。作品具有较强的视效沉浸感、用户体验感和作品交互性。

（5）本大类作品分普通组与专业组进行报赛与评比。普通组与专业组的划分，参见4.1.2节中第2点所述。

（6）参赛作品有多名作者的，如有任何一名作者的专业属于专业组专业清单，则该作品属于专业组作品。属于专业组的作品只能参加专业组竞赛，不得参加普通组竞赛；属于普通组的作品只能参加普通组竞赛，不得参加专业组竞赛。

（7）本大类每队参赛人数为1~5人，指导教师不多于2人。

（8）每位作者在本类（组）只能提交1件作品，无论作者排名如何。

（9）每位指导教师，在本大类国赛中不能指导多于3件作品，每小类不能指导多于2件作品，无论指导教师的排名如何。

（10）每件作品答辩时（含视频答辩），作者的作品介绍时长应不超过10分钟。

（11）每校参加省级赛（包括省市区赛、跨省区域赛和省级直报赛区的选拔赛）每小类作品数量，由各省级赛自行规定。本大类（组）每校最终入围国赛的作品不多于3件。

13. 计算机音乐创作

包括以下小类：

（1）原创音乐类（纯音乐类，包含MIDI类作品、音频结合MIDI类作品）。

（2）原创歌曲类（曲、编曲需原创，歌词至少拥有使用权。编曲部分至少有计算机MIDI制作或音频制作方式，不允许全录音作品）。

（3）视频音乐类（音视频融合多媒体作品或视频配乐作品，视频部分鼓励原创。如非原创，需获得授权使用。音乐部分需原创）。

（4）交互音乐与声音装置类（作品必须是以计算机编程为主要技术手段的交互音乐，或交互声音装置。提交文件包括能够反应作品整体艺术形态的、完整的音乐会现场演出或展演视频、工程文件、效果图、设计说明等相关文件）。

（5）音乐混音类（根据提供的分轨文件，使用计算机平台及软件混音）。

说明：

（1）本大类的参赛作品应以2022年北京—张家口冬奥会、冰雪运动、冬季体育运动和中华古代体育运动相关元素为主题进行创作，以弘扬奥林匹克精神，普及冬奥会运动项目、奥运文化和知识。

（2）计算机音乐创作类作品分普通组与专业组进行竞赛。普通组与专业组的划分，参见4.1.2节中第3点所述。属于普通组的作品只能参加普通组竞赛，不得参加专业组竞赛。

（3）本大类每队参赛人数为1~3人，指导教师不多于2人。

（4）每位作者在本大类中只能提交1件作品，无论作者排名如何。

（5）每位指导教师，在本大类国赛中不能指导多于4件作品，每小类不能指导多于2件作品，无论指导教师的排名如何。

（6）每件作品答辩时（含视频答辩），作者的作品介绍时长应不超过10分钟。

（7）每校参加计算机音乐创作直报赛区每小类的数量不限。本大类（组）每校最终入围国赛的作品总数不多于4件。

（8）为更有利于参赛作品的创作，本届大赛暂时取消往届大赛中"编曲类"计算机音乐作品小类，新增"交互音乐与声音装置类"小类。

14. 计算机音乐创作专业组

包括以下小类：

（1）原创音乐类（纯音乐类，包含MIDI类作品、音频结合MIDI类作品）。

（2）原创歌曲类（曲、编曲需原创，歌词至少拥有使用权。编曲部分至少有计算机MIDI制作或音频制作方式，不允许全录音作品）。

（3）视频音乐类（音视频融合多媒体作品或视频配乐作品，视频部分鼓励原创，如非原创，需获得授权使用。音乐部分需原创）。

（4）交互音乐与声音装置类（作品必须是以计算机编程为主要技术手段的交互音乐，或交互声音装置。提交文件包括能够反应作品整体艺术形态的、完整的音乐会现场演出或展演视频、工程文件、效果图、设计说明等相关文件）。

（5）音乐混音类（根据提供的分轨文件，使用计算机平台及软件混音）。

说明：

（1）本大类的参赛作品应以2022年北京—张家口冬奥会、冰雪运动、冬季体育运动和中华古代体育运动相关元素为主题进行创作，以弘扬奥林匹克精神，普及冬奥会运动项目、奥运文化和知识。

（2）计算机音乐创作类作品分普通组与专业组进行竞赛。普通组与专业组的划分，参见4.1.2节中第3点所述。

（3）参赛作品有多名作者的，如有任何一名作者符合专业组条件的，则该作品应参加专业组的竞赛。属于专业组的作品只能参加专业组竞赛，不得参加普通组竞赛。

（4）本大类每队参赛人数为1~3人，指导教师不多于2人。

（5）每位作者在本大类中只能提交1件作品，无论作者排名如何。

（6）每位指导教师，在本大类国赛中不能指导多于4件作品，每小类不能指导多于2件作品，无论指导教师的排名如何。

（7）每件作品答辩时（含视频答辩），作者的作品介绍时长应不超过10分钟。

（8）每校参加计算机音乐创作直报赛区每小类的数量不限。本大类（组）每校最终入围决赛作品总数不多于4件。

（9）为更有利于参赛作品的创作，本届大赛暂时取消往届大赛中"编曲类"计算机音乐作品小类，新增"交互音乐与声音装置类"小类。

4.2 大赛命题原则与要求

1. 竞赛题目应能测试学生运用计算机基础知识的能力、实际设计能力和独立工作能力，并便于优秀学生的发挥与创新。

2. 作品题材要面向未来，多些想象力、创新创业能力的发挥。

3. 命题应充分考虑到竞赛评审时的可操作性。

4.3 计算机应用设计题目征集办法

1. 面向各高校有关教师和专家，按4.2节的命题原则与要求，广泛征集下一届大赛的竞赛题目。赛题以4.1节中的大赛内容为依据，尽量扩大内容覆盖面，题目类型和风格要多样化。

2. 大赛组委会专家委员会向各高校组织及个人征集竞赛题，以丰富题源。

3. 各高校或个人将遴选出的题目，集中通过电子邮件或信函上报大赛组委会专家委员会（通信地址及收件人：中国人民大学信息学院，邮编100872，尤晓东；电子邮件：baoming@jsjds.org）。

4. 大赛组委会专家委员会组织命题专家组专家对征集到的题目认真分类、完善和遴选，并根据大赛赛务与评比的需要，以决定最终命题。

5. 根据本次征题的使用情况，专家委员会将报请大赛组委会，对有助于竞赛命题的原创题目作者颁发"优秀征题奖"及其他适当的奖励。

第5章
赛事级别、作品上推
比例与参赛条件

5.1 赛事级别——校赛、省赛与国赛

5.1.1 三级赛制

大赛赛事采用三级赛制：

1. 校级初赛（赛事基层动员与初赛举办）。

2. 省级复赛（为参加国赛决赛推荐参赛作品和作者）。省级赛包括省市区赛、跨省区域赛和省级直报赛区的选拔赛。

3. 国家级决赛（简称"国赛"）。

5.1.2 省级赛

1. 不少于两所且有着部属院校或不低于省属重点院校参与的多校联合选拔赛，经大赛组委会认同可视为省级赛事。没有部属院校或不低于省属重点院校参与的院校联赛，不构成省级赛。

2. 不少于两个不同省级赛事的多省联合选拔赛，可视为地区（大区）级赛事，其权益与省级赛相同。

3. 地域辽阔的地区，宜组织省、自治区级赛，不宜组织地区赛。

4. 院校可以跨省、跨地区参赛。但某一类参赛作品，只能参加一个省级复赛（省级选拔赛），不能同时参加省市区赛（或跨省区域赛）与省级直报赛区。如有违反，取消该校所有作品的参赛资格。

5. 各省级赛系各自组织，独立进行，对其结果负责。

省级赛与国赛无直接从属关系。大赛组委会只对省级赛组委会在业务上进行指导。各省级赛作品获奖名次与该作品在国赛中获奖等级也无必然联系。

6. 各省级赛可以向大赛组委会申请使用统一的竞赛平台进行竞赛，亦可使用自备的竞赛平台竞赛。

如省级赛（包括省市区赛、跨省区域赛和省级直报赛区的选拔赛）未使用国赛平台进行比赛，应通知获得国赛参赛资格的参赛队，及时完成国赛报名和作品提交的全部手续。

5.2 省级赛作品上推国赛比例

1. 校级、省级赛事应积极接受大赛组委会的业务指导，严格按照国赛规程组织竞赛和评比。

按国赛规程组织竞赛和评比的省级赛（包括省市区赛、跨省区域赛和省级直报赛区的选拔赛），可从合格的参赛作品中直接推选规定比例的作品，进入上推入围国赛作品名单。

2. 省级赛的评奖比例由省级赛组委会自行确定，建议省级赛一等奖作品数不高于参加省级赛有效作品数的10%，二等奖不高于20%，三等奖30%~40%。

3. 各类省级赛，对合格报名作品选拔后，将有效作品数量的前30%上推入围国赛。

4. 省级赛上推入围国赛的作品比例，按参赛作品大类（组）分别计算，即软件应用与开发、微课与教学辅助、物联网应用、大数据应用、人工智能应用、信息可视化设计、数媒静态设计（普通组）、数媒静态设计（专业组）、数媒动漫与短片（普通组）、数媒动漫与短片（专业组）、数媒游戏与交互设计（普通组）、数媒游戏与交互设计（专业组）、计算机音乐创作（普通组）和计算机音乐创作（专业组），各大类（组）之间入围国赛的作品比例不得混淆，名额不得互相挪用。

5.3 参赛要求

1. 国家级决赛参赛作品的作者，只能是在校本科生。非在校本科学生或高职高专学生，均不得以任何形式参加国家级决赛。

无论何时，违者一经发现即刻取消该作品的参赛资格。若该作品已获奖项，无论何时发现，均取消该作品的获奖资格，并追回所有获奖证书、奖牌及所发一切奖励，而且在大赛官网通告。

2. 院校的二级学院不得以独立学院的身份参加国家级决赛。无论何时，违者一经发现，将取消该院校所有作品的参赛资格。若该院校的相关作品已获奖项，无论何时将取消相关作品及所在院校所有作品的获奖资格，并追回所有获奖证书、奖牌及相应的一切奖励。

3. 一所学校的某类作品不能同时参加两个渠道的省级赛。

院校的参赛作品，可以通过报名参加省市区赛（或跨省区域赛）获得入围国赛的资格，也可以通过报名参加省级直报赛区的选拔赛，获得入围国赛的资格。但一所院校的某一类参赛作品，不能同时报名参加省市区赛和省级直报赛区的竞赛，一经发现将取消该院校所有作品的参赛资格。若该院校的相关作品已获奖项，无论何时将取消相关作品及所在院校所有作品的获奖资格，并追回所有获奖证书、奖牌及相应的一切奖励。

第 6 章
国赛决赛承办
单位管理

有关参赛事宜，主要由大赛组委会下设的秘书处、专家委员会、纪律与监督委员会等工作委员会，以及决赛指导单位与承办院校共同实施。国赛决赛前的工作以大赛组委会秘书处、专家委员会、数据与技术保障委员会（简称"数据委员会"）为主；国赛决赛阶段的工作，以大赛组委会秘书处、评比与优秀作品研究开发委员会（简称"评比委员会"）、纪律与监督委员会（简称"纪监委"）为主。国赛决赛指导单位与承办单位主要负责各种场所与食宿安排（线下决赛时）、参赛师生组织、奖牌证书管理等赛务工作。

6.1 国赛决赛赛务承办的申办

6.1.1 国赛决赛现场承办地点的选定

1. 现场决赛点所在省市相对稳定。

根据目前国赛已成的规模，需多地设定现场决赛点，才能更好地满足院校根据自身作品优势及本校经费等情况的参赛要求。

2. 国赛决赛现场宜设在交通相对便利的城市（如附近有民用机场、高铁车站等）。

3. 国赛决赛现场的自然条件相对安全（如非台风多发地域等）。

6.1.2 国赛决赛现场赛务承办院校的确定

为了把国赛决赛现场赛务工作做得更好，鼓励凡有条件愿意承办国赛决赛现场赛务的院校，积极申请承办国赛决赛现场赛务。

1. 申办基本条件

（1）学校具有为国赛现场决赛成功举办的奉献精神并提供必要的支持。

（2）学校具有可容纳不少于1000人的会议厅或体育馆。

（3）学校可解决不少于1000人的住宿与餐饮。

（4）学校具有能满足大赛作品评比所需要的计算机软、硬件设备和网络条件。

2. 申办程序

（1）以学校名义正式提交书面申请书（必须盖学校公章）。

（2）书面申请书寄至：100083（邮编），北京海淀区学院路15号综合楼183信箱 中国大学生计算机大赛组委会秘书处，也可以把盖有学校公章的申请书扫描成电子文件，发到邮箱baoming@jsjds.org和ljm@blcu.edu.cn。

（3）等候大赛组委会回复（一般大赛组委会秘书处一周内会有反馈）。

说明：

（1）申请书上要注明计划承办哪一年哪些比赛大类（组）的大赛决赛现场赛务。

（2）一个国赛决赛承办点，一场决赛原则上只能举办不多于3个大类作品的决赛。

（3）一个国赛决赛承办点不可以承办多于两场的决赛。

（4）如有疑问，可以通过以下方式咨询：邮箱：baoming@jsjds.org 或 ljm@blcu.edu.cn.

6.2 国赛决赛前的日程

2021年（第14届）中国大学生计算机设计大赛国赛决赛，将于2021年7—8月举行，详见6.3节。

1. 各院校预赛自行安排在2021年春季。

2. 对于大部分类（组）的竞赛安排，决赛前日程一般如下：

（1）2021年3—5月中旬，省级赛（包括省市区赛、跨省区域赛和省级直报赛区的选拔赛）陆续举行。其中，省级直报赛区（包括大数据主题赛、人工智能挑战赛和计算机音乐创作直报赛区）选拔赛的截止日期，以官网发布的日期为准。

（2）2021年5月15日前，省级选拔赛结束，并向大赛组委会上推入围国赛的作品清单及相关参赛信息。

（3）2021年5月30日前，省级赛公示结束，并完成入围国赛作品报名的全部手续（包括填报在线报名表、作品信息表、作品内容提交、缴纳报名费与评审费等）。

（4）2021年6月初，根据新型冠状病毒肺炎疫情防控政策的要求和国赛决赛现场承办点所能承受赛事的规模、各省级赛上推入围国赛的作品规模，大赛组委会秘书处与赛务委员会对承办点确定参赛规模。

（5）2021年6月15日前，大赛组委会数据委员会负责入围国赛作品的资格审查与公示，并接受异议、申诉和违规举报，同时向国赛现场承办单位提交进入决赛的作品名单及相关参赛信息。

（6）2021年6月30日前，大赛组委会数据委员会公布参加国赛的作品清单。

上述日程如有变动，以大赛官网公布的最新信息为准。

6.3 国赛决赛日程、地点与内容

根据参赛作品分类与组别的不同，2021年大赛的国赛时间及地点如下：

1. 大数据应用/数媒游戏与交互设计（普通组）

　　承办：东华大学　　　　　地点：上海　　　　　时间：7.17—7.21

2. 软件应用与开发/数媒静态设计（普通组）　　　　指导：山东大学

承办：上海理工大学　　　　　地点：上海　　　　　　　　时间：7.22—7.26

3. 微课与教学辅助 / 数媒静态设计（专业组）　　　　　　　指导：东北大学

　　承办：阜阳师范大学　　　　地点：安徽省阜阳市　　　　时间：7.27—7.31

4. 人工智能应用 / 数媒动漫与短片（专业组）

　　指导：江苏省计算机学会、东南大学

　　承办：三江学院　　　　　　地点：江苏省南京市　　　　时间：8.13—8.17

5. 物联网应用 / 数媒动漫与短片（普通组）　　　　　　　　指导：厦门大学

　　承办：福建工程学院　　　　地点：福建省福州市　　　　时间：8.18—8.22

6. 信息可视化设计 / 数媒游戏与交互设计（专业组）

　　计算机音乐创作（普通组）/ 计算机音乐创作（专业组）

　　承办：杭州电子科技大学 / 浙江音乐学院

　　地点：浙江省绍兴市上虞e游小镇　　　　　　　　　　　时间：8.23—8.27

6.4 国赛决赛后的安排

1. 国赛决赛结束后，所有获奖作品将在大赛网站公示。对于有异议的作品，大赛组委会纪律与监督委员会将安排专家进行复审。

2. 2021年10月由大赛组委会数据委员会正式公布大赛各奖项，在2021年12月底前结束本届大赛全部赛事活动。

如有变化，以大赛官网公告和各决赛区通知为准。

第7章 参赛事项

7.1 参赛对象、主题与专业要求

1. 参赛对象。

（1）大赛国赛仅限于当年在校的本科生。

（2）毕业班学生可以参赛，但一旦入围国赛，则参加国赛决赛的作者人数必须符合国赛决赛参赛要求。

2. 数媒各大类参赛作品参赛时，按普通组与专业组分别进行。

界定数媒类作品专业组的专业清单（参考教育部2020年发布新专业目录）具体可参见4.1.2节。

3. 计算机音乐创作类参赛作品参赛时，按普通组与专业组分别进行。

界定计算机音乐创作类专业组的具体条件可参见4.1.2节。

4. 大赛数媒类与计算机音乐创作类作品的主题

2021年（第14届）中国大学生计算机设计大赛数媒类与计算机音乐创作类作品的主题具体可参见4.1.2节。

5. 除了数媒类与计算机音乐创作类作品分普通组与专业组参赛、评比外，其他类作品的参赛对象，不分专业类别。

7.2 组队、领队、指导教师与参赛要求

1. 大赛只接受以学校为单位组队参赛。

2. 参赛名额限制。

（1）2021年大赛竞赛分为6个决赛现场6个决赛场次，每个决赛场次的类（组）下设若干小类。大赛内容分类详见第4章，决赛场次详见6.3节。

（2）每个院校初赛后，报名参加省级复赛（包括省市区赛、跨省区域赛和省级直报赛区的选拔赛）时，每小类数量不限。

（3）计算机音乐创作类（组），每校每个大类（组）参加国赛的作品不超过4件；其他的所有竞赛类（组），每校每个大类（组）参加国赛的作品不超过3件。所有大类（组）中

的每个小类，每校参加国赛的作品不超过2件。

3. 每个参赛队一般可由同一所学校的1~3名学生组成。数媒动漫与短片类（组）和人工智挑战赛的参赛队，可由1~5人组成。

4. 每队可以设置不多于2名的指导教师。

5. 一个学生在每个大类（组），限报1件作品，无论作者排名如何。

6. 一个指导教师在每个大类（组）的每小类中，指导的参赛作品数不能多于2件，无论指导教师的排名如何。

7. 在参加国赛决赛中，参赛学生与指导教师，均必须实名制，实名以有效身份证为依据。

8. 国赛评委回避制。

国赛参赛作品（计算机音乐创作类除外）的指导教师，担任国赛评委时实行决赛区回避制和同校回避制，即参赛作品的指导教师不能担任该作品所在决赛赛区的评委，评委不得评审同校的参赛作品。

计算机音乐创作类参赛作品的指导教师，担任国赛评委时应采取大类回避制和同校回避制。大类回避制是指计算机音乐创作类普通组作品的指导教师，不能担任普通组评委，若需要则只能担任专业组评委；专业组作品的指导教师，不能担任专业组评委，若需要则只能担任普通组评委。若一位教师既是普通组作品指导教师，又是专业组作品指导教师，则不能担任计算机音乐创作类的评委。同校回避制是指国赛评委不得评审同校的参赛作品。

9. 大赛官网公示的应参加决赛答辩环节的作品，原则上需要有不少于50%的作者亲自参与国赛答辩。

（1）作者答辩不能找人替代。

（2）参赛的每件作品都必须有作者亲自参与国赛答辩，而且答辩者必须是作品主要完成者。

（3）没有作者亲自参与答辩的作品不计成绩，不发任何奖项。

10. 决赛期间，各校都必须把参赛队所有成员的安全放在首位。参加国赛决赛时，每校参赛队必须由1名领队带领。领队原则上由学校指定教师担任，可由指导教师（教练）兼任。

学生不得担任领队一职。

11. 每校参赛队的领队必须对本校参赛人员（包括自费参赛的学生）在参赛期间的所有方面负全责。

没有领队的参赛队不得参加国赛决赛。

12. 参赛院校应安排有关职能部门负责参赛作品的组织、纪律监督以及内容审核等工作，保证本校竞赛的规范性和公正性，并由该学校相关部门签发组队参加大赛报名的文件。

13. 学生参赛费用，原则上应由参赛学生所在学校承担，可以由学校与学生共同承担，也可由学生自己承担。

学校有关部门要在多方面积极支持大赛工作，对指导教师要在工作量、活动经费等方面给予必要的支持。

7.3 参赛报名与作品提交

1. 通过网上报名和提交参赛作品。

参赛队应在大赛限定期限内，参加省级选拔赛（包括省市区赛、跨省区域赛和省级直报赛区的选拔赛）。

各参赛队应密切关注各省级选拔赛的报名截止时间及报名方式（2021年3月起大赛官网会有信息陆续披露），以免耽误参赛。

2. 大赛参赛作品应为参加本届大赛的时间范围内（2020.7.1—2021.6.30）完成的（省级直报赛区的作品提交截止日期，以官网通知为准），不得使用不在本届大赛期间内完成的作品参赛。违者一经发现，取消参赛资格。

3. 参赛作品应遵守国家宪法、法律、法规以及社会道德规范。作者对参赛作品必须拥有独立、完整的知识产权，不得侵犯他人知识产权。抄袭、盗用、提供虚假材料或违反宪法、相关法律法规者，一经发现即刻丧失参赛相关权利并自负一切法律责任。

4. 所有作品播放时长不得超过10分钟；交互式作品应提供作品演示视频，时长亦不得超过10分钟。

5. "Web应用与开发"小类作品，参赛者应提供能够在互联网上访问的网站地址（域名或IP地址均可）。

6. "计算机音乐创作"类作品，原创音乐、原创歌曲类的音频导出格式为WAVE、AIFF立体声16 bit 44 kHz或24 bit 48 kHz；音乐混音类的导出格式为WAVE、AIFF立体声24 bit 48 kHz，同时需附制作报告；视频配乐类成片格式为MPEG、AVI、MOV；交互音乐与声音装置类提交作品展示或演出的实况录像文件，视频格式为MPEG、AVI、MOV。

7. 各竞赛类别参赛作品大小、提交文件类型及其他方面的要求，大赛组委会于2021年5月15日前在大赛官网陆续公告，请及时关注。

参赛提交文件要求如有变更，以大赛网站公布信息为准。

8. 在线完成参赛作品报名后，参赛队需要在报名系统内下载由报名系统生成的报名表（参见附件1），打印后加盖学校公章或学校教务处章，由全体作者签名后，拍照或扫描后上传到报名系统。纸质原件需在参加决赛报到时提交，请妥善保管。

9. 在通过校级预赛、省级复赛（包括省市区赛、跨省区域赛和省级直报赛区的选拔赛）获得参加国赛资格后，还应通过国赛平台完成信息填报和核查工作，截止日期均为2021年6月30日，逾期视为自动放弃参赛资格。

10. 取得参加国赛参赛资格作品的作者及指导教师的姓名、排序，不得变更。

11. 参加决赛作品，作者享有署名权、使用权，大赛组委会对作品享有不以营利为目的的使用权；作品的其他权利，由作者和大赛组委会共同所有。参加决赛作品可以分别以作品作者或大赛组委会的名义发表，或以作者与大赛组委会的共同名义发表，或者作者或大赛组委会委托第三方发表。

7.4 报名费汇寄与联系方式

7.4.1 报名费缴纳

1. 报名费缴纳范围。

参加省级赛（包括省市区赛、跨省区域赛和省级直报赛区的选拔赛）的作品，报名费由省级赛组委会收取，请咨询各省级赛组委会，或关注省级赛组委会发布的公告。

2. 报名费缴纳金额。

无论通过哪个赛区参加省级赛，每件作品报名费原则上均为100元。

报名费发票由收取单位开具和发放，具体办法由各省级赛制定。

3. 缴纳报名费时，请在汇款单附言注明网上报名时分配的作品编号。

例如，某校3件作品的报名费应汇出300元，同时在汇款单附言注明："A11001，B22034，C33056"。如作品数较多附言无法写全作品编号，请分单汇出。

7.4.2 咨询信息

1. 大赛信息官网：http://www.jsjds.com.cn/。
2. 大赛报名平台：2021年3月报名工作启动后，在大赛官网公告。
3. 省级赛和国赛决赛分赛区的咨询信息，于2021年3月起陆续在大赛官网发布。
4. 国赛组委会咨询信箱：baoming@jsjds.org 或 ljm@blcu.edu.cn。有信必复，原则上不接受电话咨询。

7.5 参加决赛须知

1. 本届大赛经费由主办、承办、协办和参赛单位共同筹集。

根据新型冠状病毒肺炎疫情防控政策现状，2021年大赛各决赛区的全国决赛采取线上线下混合形式，参与线下答辩的规模视疫情防控政策和承办单位的承办能力而定，具体请关注各决赛区的参赛指南和相关通知。请参赛师生积极接种新冠疫苗。

每件由省级赛上推参加国赛决赛的作品，需交评审费600元。

2. 决赛分赛区联系方式

2021年大赛各决赛区的联系信息，参见下表：

类别	名称/单位	联系人	联系电话	联系人邮箱
国赛决赛 （上海决赛区）	东华大学	王志军	13917413567	dhucsit2021@163.com
国赛决赛 （山东决赛区）	山东大学 （指导单位） 上海理工大学 （承办单位）	郝兴伟 夏耘	13589108977 15921363189	hxw@sdu.edu.cn lucy30997@163.com

类别	名称/单位	联系人	联系电话	联系人邮箱
国赛决赛 （沈阳决赛区）	东北大学 （指导单位）	黄达	13604210994	176848864@qq.com
	阜阳师范大学 （承办单位）	刘冬冬	13965576799	24403068@qq.com
国赛决赛 （南京决赛区）	江苏省计算机学会 （指导单位）	金莹	17712909980	jinying@nju.edu.cn
	东南大学 （指导单位）	李骏扬	13357701017	jupiter@seu.edu.cn
	三江学院 （承办单位）	华沙	15345188563	38613715@qq.com
国赛决赛 （厦门决赛区）	厦门大学 （指导单位）	陈华宾	18150083385	13626356@qq.com
	福建工程学院 （承办单位）	熊敏	13655029355	729326131@qq.com
国赛决赛 （杭州决赛区）	杭州电子科技大学 （指导单位）	吴小开	13336186572	jsjds@hdu.edu.cn
	浙江音乐学院 （指导单位）	张梓谦	15990081623	jsjdsjszjcm@126.com
	浙江绍兴 e 游小镇 （承办单位）	陈梦瑶	13675739488	147873725@qq.com

说明：其他未尽事宜及大赛相关补充说明或公告，请关注大赛官网。

附件 1：

2021 年（第 14 届）中国大学生计算机设计大赛
参赛作品报名表式样

作品分类					
作品编号	（报名时由报名系统分配）		作品名称		

作者信息	学校					
		作者一	作者二	作者三	作者四	作者五
	姓名					
	身份证号					
	专业					
	年级					
	电邮					
	电话					

指导教师 1	姓名		身份证号			
	单位		电话		信箱	
指导教师 2	姓名		身份证号			
	单位		电话		信箱	
单位联系人	姓名		职务			
	电话		信箱			

共享协议	参加决赛作品，作者享有署名权、使用权，大赛组委会对作品享有不以营利为目的使用权；作品的其他权利，由作者和大赛组委会共同所有。
开源代码与组件使用情况说明	
学校推荐意见	（学校公章或校教务处章）　　　　2021 年＿＿＿月＿＿＿日
原创声明	我（们）声明我们的参赛作品为我（们）原创构思和使用正版软件制作，我们对参赛作品拥有独立、完整、合法的著作权或其他相关之权利，绝无侵害他人著作权、商标权、专利权等知识产权或违反法令或其他侵害他人合法权益的情况。若因此导致任何法律纠纷，一切责任应由我们（作品提交人）自行承担。 作者签名：1.＿＿＿＿＿　　2.＿＿＿＿＿　　3.＿＿＿＿＿　　4.＿＿＿＿＿ 5.＿＿＿＿＿

著作权授权声明

《　　　　　　　　　　》为本人在"2021年（第14届）中国大学生计算机设计大赛"的参赛作品，本人对其拥有完全的和独立的知识产权，本人同意中国大学生计算机设计大赛组委会将上述作品及本人撰写的相关说明文字收录到中国大学生计算机设计大赛组委会编写的《第15届中国大学生计算机设计大赛2022年参赛指南》（暂定名）或其他相关作品中，以纸介质出版物、电子出版物或网络出版物的形式予以出版。

授权人（全体作者）签名：_____

2021年__月__日

第8章
奖 项 设 置

大赛的奖项分设个人奖项与集体奖项两类。

8.1 个人奖项

8.1.1 作品奖项

大赛以三级竞赛形式开展，校级初赛—省级复赛—国家级决赛。学校初赛、省级复赛（包括省市区赛、跨省区域赛和省级直报赛区的选拔赛）可自行、独立组织。要求校级初赛上推省级赛的比例不能高于参加校级赛有效作品数的50%，省级赛上推国赛的比例不能高于参加省级赛有效作品数的30%。

省级赛的奖项由省级赛组委会自行设置。建议省级赛一等奖作品数不高于参加省级赛有效作品数的10%，二等奖不高于20%，三等奖30%~40%。

1. 国赛作品奖项的设置比例

（1）一等奖的作品数，不高于入围决赛有效参赛作品总数的5%。

（2）二等奖的作品数，不高于入围决赛有效参赛作品总数的25%。

（3）三等奖的作品数，不高于入围决赛有效参赛作品总数的50%。

说明：

（1）上述评奖比例分别按比赛作品类别大类中的小类计算。各大类应有各自的一等奖，各类别之间获奖名额不得互相挪用；各个大类中包含一个或多个小类，各小类原则上也应有各自的各级奖项，各小类之间奖项名额不得挪用。

（2）大赛组委会可根据实际参加决赛的作品数量与质量，适量微调各奖项名额。

2. 奖项归属

一、二、三等奖的获奖作品，均颁发获奖证书，其中一、二等奖颁发奖牌，三等奖的获奖院校若在本决赛区本届没有获得一、二等奖，则颁发奖牌一块；获奖证书颁发给每位作者和指导教师，奖牌只颁发给获奖单位。

8.1.2 优秀指导教师奖

指导教师是组织大赛参赛作品的具体实施者。优秀指导教师对高质量作品的出现，往往有着特殊的贡献。具有如下绩效之一者可获得相应的星级优秀指导教师奖：

1. 指导参加国赛作品本届累计获得2个一等奖，可获得一星级优秀指导教师奖。
2. 指导参加国赛作品本届累计获得3~4个一等奖，可获得二星级优秀指导教师奖。
3. 指导参加国赛作品当本届累计获得5个或5个以上一等奖，可获得三星级优秀指导教师奖。

说明：

（1）若指导的参赛作品中有违规作品（含本届和前两届），则取消本届被推评为优秀指导教师的资格。

（2）星级优秀指导教师每届评选一次。

（3）星级优秀指导教师由大赛组委会颁发相应证书。

8.1.3 优秀征题奖

计算机应用设计题目是大赛竞赛内容的基础，大赛组委会面向各高校有关教师和专家广泛征集下一届大赛的竞赛题目（"大赛命题要求"请参见4.2节），并对有助于竞赛命题的原创题目作者，颁发"优秀征题奖"证书及其他适当的奖励。

8.2 集体奖项

可根据参赛实际情况对参赛院校、承办院校设立年度优秀组织奖和精神文明奖，对企业设立服务社会公益奖。

8.2.1 年度优秀组织奖

1. 年度优秀组织奖授予组织参赛队成绩优秀或承办赛事等方面表现突出的院校。
2. 年度优秀组织奖颁发给满足以下条件之一的单位，如果某单位同时满足以下多项条件，一年中亦只授予一个优秀组织奖。

（1）在本届大赛全部决赛赛区累计获得3个或3个以上一等奖的单位。

（2）在本届大赛全部决赛赛区累计获得10个或10个以上不低于二等奖（含二等奖）的单位。

（3）在本届大赛全部决赛赛区累计获得不少于16个（含16个）各级作品奖项的单位。

（4）顺利完成大赛决赛赛事（含报名、复赛评比及决赛评比等）的承办单位。

8.2.2 服务社会公益奖

针对给大赛做出重要贡献的企业，经单位或个人推荐，由大赛组委会组织审核确定，颁发服务社会公益奖。

说明：年度优秀组织奖、服务社会公益奖只颁发奖牌或奖状给学校或企业，不发证书。

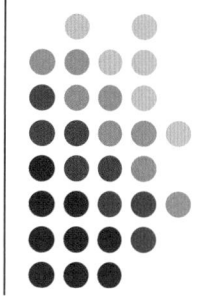

第 9 章
违规作品处理

本赛事是全国普通高校大学生竞赛排行榜榜单赛事之一，大赛国赛的参赛对象是中国内地当年在校的本科生（含来华留学生）。为了使参赛者共享公平、公正、公开的竞赛环境，根据《国家教育考试违规处理办法》（中华人民共和国教育部令第 33 号）和《普通高等学校学生管理规定》（中华人民共和国教育部令第 41 号）相关规定的精神，特制定对参赛的违规作品、违规作品作者与指导教师处理的意见。

9.1 违规作品的认定

1. 大赛恪守诚信，杜绝不端行为，以利于吸引更多以诚信为本的师生参赛，进一步激发广大师生的参赛热情。

（1）参赛作品应遵守国家宪法、法律、法规以及社会道德规范。作者对参赛作品必须拥有独立、完整的知识产权，不得侵犯他人知识产权，不得抄袭、盗用、提供虚假材料，或违反宪法、法律、法规。

对涉嫌抄袭、盗用、他人代做、已发表（或参赛）经修改再次使用等参赛作品，一经查证核实，可认定为违规作品。

（2）参赛作品是否违规，原则上由大赛决赛现场指挥小组当场裁定。

任何个人或单位（包括大赛参赛师生、评委、其他人员或任何单位）均可提供作品违规线索，提出异议；纪监委（或大赛决赛现场指挥小组）受理异议，并依据异议线索进行核查，判断作品是否违规；认定结果通知被异议的个人或参赛单位，并对确属违规的作品提出处理意见，报大赛组委会核准。

（3）作品违规的认定时间，一般是现场决赛期间，也包括入围国赛作品公示期间认定、获奖公示期间认定，以及获奖后不设限期的认定等多个时间段。

2. 异议形式。大赛仅受理实名提出的异议，匿名提出的异议无效。

（1）个人提出的异议，须写明本人的真实姓名、所在单位、通信地址、联系手机号码、电子邮件地址等，并需提交身份证复印件和具有本人亲笔签名的异议书。

（2）单位提出的异议，须写明联系人的姓名、通信地址、联系手机号码、电子邮件地址等，并需提交加盖本单位公章和负责人亲笔签名的异议书。

（3）与异议有关的学校的相关部门，要协助大赛组委会纪监委对异议作品进行调查，并提出处理意见。纪监委在公示期或公示期结束后的适当时间（如每年的10月下旬前）向提出异议的个人或单位答复处理结果。

（4）大赛组委会对提出异议的个人或单位信息给予保密。

9.2 违规作品的处理

大赛组委会对已认定的违规作品，给予以下第1条的违规处理，并视违规性质给予以下第2~4条的违规处理。

1. 取消参赛资格，不得获取任何等级的奖项。

已经获得奖项的违规作品，立即取消其获奖资格，追回获奖奖状及其相应所得的一切。

2. 在决赛现场公布违规作品的作品编号、作品名称、作者姓名、指导教师姓名、学校名称及省级赛组委会名称等信息。

3. 在大赛官网公布违规作品的作品编号、作品名称、作者姓名、指导教师姓名、学校名称及省级赛组委会名称等信息。

4. 违规作品的作品编号、作品名称、作者姓名、指导教师姓名等信息，以公函的形式通知违规作品相关省级赛组委会以及所在学校的教务处。

9.3 违规作品作者的处理

大赛组委会对已认定为违规作品的参赛作者，给予以下2条的违规处理。

（1）追回违规作品作者已参赛场次获奖作品的奖状及相关所得，并取消其参加本届赛事的资格。

（2）禁止违规作品作者在本科期间参加本赛事的活动。

同时，违规作品作者自行承担可能出现的一切法律责任。

9.4 违规作品指导教师的处理

大赛组委会对已认定为违规作品的指导教师，给予以下4条的违规处理。

（1）追回违规作品指导教师在本届赛事内已获奖作品的奖状及相关所得。

（2）取消违规作品指导教师参加本届及后续两届星级优秀指导教师奖的评比资格。

（3）取消违规作品指导教师作为本届及后续两届的本赛事评委资格。

（4）在本届及后续两届内，不得作为参赛作品指导教师，不得参加本赛事举办的会议等活动。

同时，违规作品指导教师自行承担可能出现的一切法律责任。

第 10 章
作品评比与评比委员规范

10.1 评比形式

10.1.1 参加国赛决赛的形式

1. 大赛赛事分为三个阶段：一是校级预赛，二是省级（含省市区赛、跨省区域赛和省级直报赛）复赛（省级选拔赛），三是国家级决赛（简称"国赛"）。

根据新型冠状病毒肺炎疫情防控政策现状，大赛各决赛区的全国决赛采取线上线下混合形式，具体请关注各决赛区的参赛指南和相关通知。请参赛师生积极接种新冠疫苗。

2. 大赛组委会对省级赛推荐的作品，视疫情防控政策和承办单位的承办能力，确定进入国赛现场答辩环节的作品数；不进入现场答辩的参赛团队，将全部进行线上答辩。

3. 每件参赛作品的作者，原则上应全部参加在线或现场答辩。每一件作品，参加答辩的作者，必须是参赛作品的主要制作者，而且答辩人数不得小于50%。比如，一件作品，1名或2名作者的，必须要有1名作者参加答辩；3名作者的作品必须要有2名参加答辩。

10.1.2 省级赛推荐入围国赛名单的确定

1. 各省级赛（含省市区赛、跨省区域赛和省级直报赛区的选拔赛），按规定比例（参见第5章）推荐入围国赛的作品名单，一般可直接进入入围国赛网上公示环节。但经核查不符合参赛条件（包括不符合参赛主题、不按参赛要求进行报名和提交材料、超出学校报名限额等）的作品，不能进入国赛。

2. 设有省（自治区、直辖市）赛的院校，应通过本省省赛的途径，获得推荐进入国赛资格。

3. 未设省赛的院校，可通过大赛组委会设立的跨省区域赛获得推荐进入国赛资格。

4. 未设省赛和跨省区域赛的参赛院校作品，或者省赛和跨省区域赛未设置相关参赛作品类别的作品，可通过大赛组委会设立的相应的省级直报赛区进行报名参赛，获得推荐进入国赛资格。

10.1.3 入围国赛作品的资格审核

1. 对于经省级赛上推入围国赛的作品，大赛组委会进行以下工作：

（1）形式检查：数据委员会负责对报名表格、材料、作品等进行形式检查。针对有缺陷的报名信息或作品，提示参赛队在规定时间内修正。对报名分类不恰当的作品纠正其分类。

（2）上网公示：官网上接受异议（含申诉、投诉）。

（3）专家审核：大赛组委会纪律与监督委员会对公示期有异议的作品进行审核与分类处理。

（4）入围国赛作品公布与通知：公示结束后确定入围国赛的作品名单，数据委员会负责在大赛官网上公布，并通知参赛院校。

10.1.4　国赛决赛

2021年大赛的国赛决赛采取线上线下混合形式。

1. 入围决赛队须根据通知，按时加入各决赛赛区的网络联系群，关注各决赛赛区的参赛指南和相关通知。

2. 参赛作者的作品展示与答辩。

不同类别作品的作品展示与答辩方案可能有所不同，请参见各大类（组）在大赛官网发布的决赛评比方案。

（1）没有专门发布决赛评比方案的作品类别，决赛时作品展示及说明时间不超过10分钟，答辩时间不超过10分钟；在答辩时需要向评比委员组说明作品创意与设计方案、作品实现技术、作品特色等内容；同时，需要回答评比委员（下面简称评委）的现场提问，评委综合各方面因素，确定作品答辩成绩。在作品评定过程中评委应本着独立工作的原则，根据决赛评分标准，独立给出作品答辩成绩。

（2）进入国赛的每件作品，需有作者参加线上或线下答辩。若无正当理由，没有作者按时参加答辩的，一律视为自动放弃，不颁发任何奖项。

3. 决赛复审。

作品答辩成绩分类排名后，根据大赛奖项设置名额比例，初步确定各作品奖项的等级。其中各类（组）一、二等奖的候选作品，还需经过各评比委员组组长参加的复审会后，才能确定其最终所获奖项级别。必要时，可通知参赛学生参加复审的答辩或说明。

10.1.5　获奖作品公示

对国赛获奖作品进行公示，接受社会监督。

对涉嫌侵权或抄袭的获奖作品，不设时效限制，何时发现，何时处理，并追回所获奖项的证书、奖牌及其他奖励。

具体处理办法，见第9章违规作品处理。

10.2　评比规则

大赛评比的原则是公开、公平、公正。

10.2.1　评奖办法

1. 大赛组委会以大赛专家库为基础，聘请专家组成本届赛事的评委工作组，然后按照比赛内容分小组进行评审。各个评审组将按作品评审标准，从合格的报名作品中评选出相应奖项的获奖作品。

2. 大赛国赛采取评委的决赛区回避制和同校回避制，即参赛作品的指导教师不能担任该作品所在决赛分赛区（即国赛决赛现场，具体请参见6.3节）的评委，评委不得评审同校的参赛作品。

3. 由大赛组委会评比委员会组织国赛决赛评比出的奖项，经上报大赛组委会审批通过后才生效。未生效的评比结果，任何人不得以任何形式对外公布。

4. 对违反参赛作品评比和评奖工作规定的评奖结果，无论何时，一经发现，大赛组委会不予承认。

10.2.2 作品评审办法与评审原则

因大赛决赛所设类（组）涉及面较广，不同类（组）可能涉及不同的评审方案。请参赛队关注大赛官网，了解相关类（组）参赛作品的具体评审办法。

各省级赛的评审办法，由各省级赛组委会参考国赛规程自行确定，但原则上不得与国赛竞赛评比规程相矛盾。

对于没有单独确定评审办法的类（组），一般采用本节所述评审方法。

考虑到不同评委的评分基准存在差异、同类作品不同评审组间的横向比较等因素，参赛作品的通用评审办法可分为两种。

1. 推荐评审法，常用于初评阶段。

（1）每个评审组的评委（一般为3名），依据评审原则与标准分别对该组作品评审，给出作品的评价值（分别为：强烈推荐、推荐、不推荐），不同评价值对应不同得分，建议：强烈推荐，计2分；推荐，计1分；不推荐，计0分。

（2）合计各个评委的评价值，一般根据其分值从高到低排序，然后按一定比例推荐进入决赛或复评。以3个评委的推荐评审为例，通常的处理分为以下3步：

① 如果该件作品的分值不低于3分（含3分），则进入决赛或复评。

② 如果该件作品的分值为2分，则由本阶段的复审专家组复审该作品，确定该作品是否进入决赛或复评。

③ 如果该件作品的分值为1分，则由大赛组委会根据已经确定能够入围决赛或复评的作品数量来决定是否安排复审。如果不安排复审，则该作品在本阶段被淘汰，不能进入下一阶段。如果安排复审，则由本阶段的复审专家组复审该作品，确定该作品是否进入决赛或复评。

2. 排序评审法，常用于具有答辩环节的复评阶段。

（1）每个评审组的评委（一般为5名），依据评审原则与标准分别对该组作品打分，然后从优到劣排序，每个评委的序值从小到大（1、2、3……）且唯一、连续（评委序值）。

（2）每组全部作品的全部评委序值分别累计，从小到大排序，评委序值累计相等的作品由评审组的全部评委核定其顺序，最后得出该组全部作品的唯一、连续序值（小组序值）。

① 如果某类全部作品在同一组内进行答辩评审，则该组作品按奖项比例、按作品小组

序值拟定各作品的奖项等级，报复审专家组核定。

②如果某类作品分布在多个组内进行答辩评审，由各组将作品的小组序值上报复审专家组，由复审专家组按序选取各组作品进行横向比较，核定各作品奖项初步等级。

③在复审专家组核定各作品等级的过程中，可能会要求作者再次进行演示和答辩。

（3）复审专家组核定各作品等级后，上报大赛组委会批准。

作品评审原则：

（1）评委根据各个作品类别的评审标准评审作品，评审标准可参见大赛官网。

（2）作品的主题、内容符合要求，报名信息和文档必须完整规范。

（3）决赛答辩阶段，作品介绍明确清晰、演示流畅不出错、答辩正确简要、不超时。

10.3 评比委员组

公开、公平、公正（简称"三公"）是任何一场竞赛取信于参与者、取信于社会的生命线。评比委员是"三公"的实施者，是公权力的代表，在赛事评审中应该体现出应有的风范和权威。拥有一支合格的评审团队是任何一个赛事成功的基本保证。

10.3.1 评比委员条件

1. 具有秉公办事的人格品质，不徇私枉法。

2. 具有评审所需要的专业知识。

3. 具有不低于副教授（或相当于副教授）的职称，或者在省属重点以上（含省属重点）本科高校工作不少于3年一线教学经验而且具有博士学历和学位的教师，或者在省属重点以上（含省属重点）本科高校工作不少于10年一线教学经验的讲师，或者根据需要具有高级职称企事业单位的技术专家。

4. 若担任参赛作品的指导教师，则本届和前两届指导的作品中无违规作品。

10.3.2 评比委员组

1. 评比委员组初评阶段由不少于3名评比委员组成，其中一名为组长。

国赛决赛答辩阶段的评审组，一般由5名评比委员组成，设组长1名，副组长1名。

2. 评比委员组宜由不同年龄段、不同地区、不同专长方向的专家组成。

一般来说，年长的教师比较适合更好地把握作品总体方向、结构、思路，以及符合社会需求。中年教师比较适合更好地把握作品紧跟产业发展需求，注重作品的原创性，关注作品是否是已有科研课题、项目的移用。青年教师比较适合更好地把握技术应用的先进性。

3. 一个评比委员组中，原则上具有不低于副教授（或相当于副教授职称）专家的比例不小于60%。

4. 国赛决赛评比委员组组长、副组长，原则上由具有评审经验的教授（或相当于教授职称）的专家担任，也可由具有评审经验的省属重点以上（含省属重点）院校的副教授（或相当于副教授职称）专家担任。

5. 国赛决赛评比委员，由大赛组委会专家委员会推荐、赛务委员会聘请，大赛组委会审核与聘任。

10.3.3　评比委员聘请

评比委员的聘请程序：

1. 评比委员原则上由大赛组委会专家委员会组织、遴选，然后向大赛组委会赛务委员会推荐。

2. 具备条件的教师本人向大赛组委会专家委员会提出申请，或经其他专家推荐机构（如大赛组委会秘书处、纪监委等）向大赛组委会专家委员会推荐。

3. 大赛组委会赛务委员会聘请。

4. 大赛组委会专家委员会审核批准，报由大赛组委会颁发评比委员聘书。

说明：

（1）一年中多次参与国赛决赛的评比委员只颁发一次聘书。

（2）省级、校级赛的评审组，可参照国赛评比委员组的组成，由各级赛的组委会自行组织与管理。

10.4　评比委员规范

评比委员必须做到以下12条。

1. 坦荡无私，用好公权力，公平、公正对待每一件参赛作品。既不为某个作品的评分进行游说，也不受人之托徇私舞弊。

2. 全程参加评比相关的各项活动，包括评比岗前评委培训会议、现场（或线上）作品评比，获奖作品展示、点评，直到颁奖暨闭幕式（若有）结束。

3. 注重个人整体形象。在现场决赛时：进入决赛现场必须佩戴评委证，出席评审现场、开幕式、作品展示点评研讨、颁奖暨闭幕式时，需按大赛统一着装出席评比活动。在线上决赛时：进入线上答辩视频会议室必须使用大赛承办单位制作的虚拟背景（若可以设置）、答辩期间全程出境。

4. 准时到达答辩现场（现场答辩时）或进入答辩视频会议室（线上答辩时），不迟到，不早退，中途不无故离场。现场或线上评比期间，不得打瞌睡，不得吸烟，不得接听手机，不得做与评比无关的事。

5. 认真参加评比，认真听取作者的介绍和回答。按照大赛竞赛要求，严格掌握评分标准，以作者及参赛作品的实际水平作为评分的唯一依据，独立评分，不打关系分、感情分，必须公平、公正对待作者的每一件作品。

6. 尊重每一所参赛院校，一视同仁对待各级各类院校。

7. 尊重每一位参赛作者、每一位参赛指导教师及其他评比委员。作品答辩期间，规范言行，避免影响作者的答辩或其他评比委员的评审。本着关爱作者的态度，对作者要以肯定、鼓励为主。对作者提问的主要目的是进一步了解作品情况，问题要明确清晰，不要过于武断或无根据猜测，对作者或作品不得指责，不得与作者产生争执或冲突。不得以任何方式讥讽、嘲笑、戏弄、挖苦作者，不得当场点评参赛作者个人的优缺点及能力，不得议论指导教师水平。

8. 充分尊重参赛作者应有的权益，不得随意缩减参赛作者答辩时间。

9. 各评审组组长和副组长有义务保证竞赛评审的顺利开展，把握评审质量，并参与评审过程的监督，及时发现和纠正评审中出现的不规范问题。

10. 比赛期间，应回避与参赛作者、指导教师、带队教师，以及参赛作者家长与亲朋好友的私下交往，不准接受参赛院校及个人任何形式的宴请和馈赠。

11. 在作品展示研讨阶段的现场或线上点评，要客观、正面、专业，不夸大，不跑题，评价准确，语言精练。

12. 未经大赛组委会授权，不得擅自透露、发布与评审过程及结果有关的信息。

10.5 评比委员违规处理

对违规评比委员，视情节分别作相应的处理。

1. 及时提醒警示。

2. 解除对其本届评比委员的聘任，并且后续两届不再聘请。

3. 其他有助于评比委员规范操作的处理措施。

第 11 章
获奖作品的研讨

11.1 研讨平台的意义

国赛决赛的主要作用有两个：一是评出参赛作品奖项的等级；二是获奖特色作品的研讨。

获奖特色作品的研讨，为参赛师生（包括评比委员）之间互相交流、互相学习，取长补短以提高个人素养与计算机技术应用技能提供了很好的平台，对参赛师生日后创新思想与技能的启发、提高、升华，有着重要的意义。

参加竞赛，争取好的奖项只是一个方面。更重要的是学习，是在参赛过程中提高自己的能力。

11.2 研讨作品的选定与组织

1. 研讨作品由作品评比委员组推荐，具有总体水平高、有特色，或者有着某种典型意义的作品。研讨作品可以是一等奖的，也可以是二等奖的作品。研讨作品一定有值得点评的方面，有值得借鉴与探讨的地方。

2. 现场决赛的作品研讨活动，一般安排在赛期的第三天下午（14:30—17:30）或第四天上午（8:30—11:30）；线上决赛的作品研讨活动，一般安排在线上决赛之后的颁奖典礼期间，或者大赛年度总结会期间。

3. 作品研讨活动可按作品类别进行，一般一个作品研讨场所研讨6~8个作品，平均一个作品研讨25分钟。

4. 作品研讨场所由决赛承办院校（有线下答辩时）或大赛会议的承办单位（线上答辩时）提供，研讨活动由大赛组委会评比委员会和赛务委员会负责组织。

11.3 研讨的主要内容

1. 作品作者与指导教师对作品的展示与创作介绍。

2. 研讨会参与师生对作品的评价、质疑与探讨。

3. 评比委员的点评与总结。

11.4 研讨活动的参与对象

1. 作品作者与指导教师。
2. 参赛师生。
3. 观摩者。
4. 评比委员。
5. 研讨活动主持人。

第12章
2020 年获奖概况与
获奖作品选登

12.1 2020年（第13届）大赛优秀组织奖名单

根据大赛组委会关于优秀组织奖项评审条件，2020 年大赛共有 116 所院校符合大赛优秀组织奖授予条件，名单如下：

1. 安徽大学
2. 安徽农业大学
3. 安徽师范大学
4. 安徽师范大学皖江学院
5. 安徽信息工程学院
6. 安庆师范大学
7. 北京大学
8. 北京科技大学
9. 北京体育大学
10. 重庆理工大学
11. 渤海大学
12. 滁州学院
13. 大连东软信息学院
14. 大连工业大学
15. 大连海事大学
16. 大连海洋大学
17. 大连科技学院
18. 大连民族大学
19. 电子科技大学
20. 东北大学
21. 东华大学
22. 东南大学
23. 赣南师范大学

24. 广东外语外贸大学

25. 广西师范大学

26. 广州大学

27. 广州大学华软软件学院

28. 广州工商学院

29. 贵州师范大学

30. 桂林电子科技大学信息科技学院

31. 桂林理工大学

32. 海南师范大学

33. 汉口学院

34. 杭州师范大学

35. 合肥工业大学

36. 合肥工业大学（宣城校区）

37. 河北大学

38. 河南大学

39. 湖北工业大学

40. 湖北经济学院

41. 湖北文理学院

42. 华东理工大学

43. 华东师范大学

44. 华南师范大学

45. 华侨大学

46. 华中科技大学

47. 华中师范大学

48. 怀化学院

49. 吉林大学

50. 江南大学

51. 江苏大学

52. 江西师范大学

53. 辽宁对外经贸学院

54. 辽宁工程技术大学

55. 辽宁工业大学

56. 辽宁科技大学

57. 辽宁科技学院

58. 辽宁师范大学

59. 辽宁石油化工大学

60. 闽南理工学院

61. 南华大学

62. 南京医科大学

63. 南开大学

64. 青岛大学

65. 三峡大学

66. 厦门大学

67. 厦门华厦学院

68. 厦门理工学院

69. 山东大学

70. 山西大同大学

71. 上海商学院

72. 韶关学院

73. 深圳大学

74. 沈阳城市学院

75. 沈阳工程学院

76. 沈阳工学院

77. 沈阳工业大学

78. 沈阳航空航天大学

79. 沈阳化工大学

80. 沈阳建筑大学

81. 沈阳理工大学

82. 沈阳农业大学

83. 沈阳师范大学

84. 石河子大学

85. 四川师范大学

86. 苏州大学

87. 太原工业学院

88. 同济大学

89. 梧州学院

90. 武汉传媒学院

91. 武汉大学

92. 武汉理工大学

93. 武警工程大学

94. 西安电子科技大学

95. 西安文理学院

96. 西北大学

97. 西北农林科技大学

98. 西华师范大学

99. 盐城师范学院

100. 燕山大学

101. 阳光学院

102. 运城学院
103. 长春大学旅游学院
104. 长沙理工大学
105. 浙江传媒学院
106. 郑州大学
107. 郑州轻工业大学
108. 中北大学
109. 中国传媒大学
110. 中国人民大学
111. 中国人民解放军海军航空大学
112. 中南林业科技大学
113. 中南民族大学
114. 中央民族大学
115. 重庆大学
116. 重庆工程学院

说明：

1. 排名不分先后。
2. 如果某单位多次满足获奖条件，亦只授予一次优秀组织奖。

12.2 2020年（第13届）大赛优秀指导教师奖名单

根据大赛组委会关于优秀指导教师奖项评审条件，2020 年大赛共有 276 名指导教师符合大赛优秀指导教师奖的授予条件，名单如下：

1	南京医科大学	胡晓雯	二星
2	梧州学院	宫海晓	二星
3	安徽大学	岳山	一星
4	安徽工程大学	刘涛	一星
5	安徽工程大学	章平	一星
6	安徽农业大学	李春涛	一星
7	安徽农业大学	李若男	一星
8	安徽师范大学	卞维新	一星
9	安徽师范大学	程桂花	一星
10	安徽师范大学	孙亮	一星
11	安徽师范大学	王杨	一星
12	安徽师范大学	余紫咏	一星
13	安徽师范大学	张捷	一星
14	安徽新华学院	贺爱香	一星
15	安徽新华学院	李苗	一星
16	北京大学	刘志敏	一星

17	北京服装学院	熊红云	一星
18	北京工业大学	李颖	一星
19	北京工业大学	万巧慧	一星
20	北京科技大学	屈微	一星
21	北京科技大学	张敏	一星
22	北京林业大学	董瑀强	一星
23	北京师范大学珠海分校	贺辉	一星
24	北京体育大学	刘正	一星
25	北京语言大学	徐亦沛	一星
26	北京语言大学	玄铮	一星
27	北京语言大学	张习文	一星
28	亳州学院	王博文	一星
29	亳州学院	赵龙	一星
30	常州大学	李淑英	一星
31	常州大学	万爽	一星
32	成都理工大学	陈卓威	一星
33	成都理工大学	黄于鉴	一星
34	池州学院	舒鹏飞	一星
35	池州学院	徐玉婷	一星
36	滁州学院	邓凯	一星
37	滁州学院	温卫敏	一星
38	滁州学院	吴豹	一星
39	滁州学院	杨灿灿	一星
40	大连东软信息学院	李想	一星
41	大连东软信息学院	张明宝	一星
42	大连工业大学	杨艺	一星
43	大连工业大学	张渊	一星
44	大连海事大学	陈颖	一星
45	大连海事大学	傅世强	一星
46	大连海事大学	季昉	一星
47	大连海事大学	李婵娟	一星
48	大连海事大学	李楠	一星
49	大连海事大学	柳丽川	一星
50	大连海事大学	屈雯	一星
51	大连交通大学	梁毓锋	一星
52	大连交通大学	吕斌	一星
53	电子科技大学	王瑞锦	一星
54	东北大学	霍楷	一星
55	东北大学	李晓迪	一星
56	东北大学	王晗	一星

57	东北农业大学	权龙哲	一星
58	东华大学	张红军	一星
59	东南大学	陈伟	一星
60	东南大学	傅丽莉	一星
61	福建江夏学院	林俊	一星
62	福州大学	陈思喜	一星
63	福州大学厦门工艺美术学院	何俊	一星
64	福州大学厦门工艺美术学院	宋晓毅	一星
65	广东海洋大学	谢仕义	一星
66	广东海洋大学	余应淮	一星
67	广东科技学院	黄欣欣	一星
68	广东药科大学	张琦	一星
69	广西师范大学	易永芳	一星
70	广州大学	李小敏	一星
71	广州大学	刘洁	一星
72	广州大学	龙晓莉	一星
73	广州大学	谢斌盛	一星
74	广州大学	徐志伟	一星
75	广州大学华软软件学院	杜兆勇	一星
76	广州大学华软软件学院	韩丽红	一星
77	广州工商学院	胡垂立	一星
78	海南大学	程杰仁	一星
79	海南大学	吴迪	一星
80	海南热带海洋学院	杜红燕	一星
81	海南热带海洋学院	田兴彦	一星
82	海南师范大学	胡凯	一星
83	海南师范大学	罗志刚	一星
84	海南师范大学	邱春辉	一星
85	海南师范大学	王觅	一星
86	杭州电子科技大学	孙志海	一星
87	杭州电子科技大学	张万军	一星
88	杭州师范大学	关伟	一星
89	杭州师范大学	徐光涛	一星
90	杭州师范大学	袁庆曙	一星
91	合肥工业大学	郝世杰	一星
92	合肥工业大学	陆阳	一星
93	合肥工业大学	汪萌	一星
94	合肥工业大学	卫星	一星
95	合肥工业大学（宣城校区）	李明	一星

96	合肥工业大学（宣城校区）	宣善立	一星
97	河北金融学院	曹莹	一星
98	河北金融学院	祁萌	一星
99	河海大学	黄平	一星
100	河南大学濮阳工学院	李静	一星
101	河南师范大学	赵晓焱	一星
102	湖北工业大学	李映彤	一星
103	湖北经济学院	陈婕	一星
104	湖北经济学院	王茜	一星
105	湖北理工学院	胡伶俐	一星
106	湖北理工学院	缪贤浩	一星
107	湖北理工学院	袁涌	一星
108	湖北师范大学	向丹丹	一星
109	湖州师范学院	钱乾	一星
110	湖州师范学院	王继东	一星
111	华东理工大学	胡庆春	一星
112	华东理工大学	李莉	一星
113	华东理工大学	张雪芹	一星
114	华东师范大学	刘金梅	一星
115	华东师范大学	鲁力立	一星
116	华东师范大学	朱晴婷	一星
117	华侨大学	郭艳梅	一星
118	华侨大学	黄志浩	一星
119	华中科技大学	蔡新元	一星
120	华中科技大学	王朝霞	一星
121	华中科技大学	张健	一星
122	华中科技大学	张露	一星
123	华中师范大学	王翔	一星
124	怀化学院	王玮莹	一星
125	怀化学院	向颖晰	一星
126	黄山学院	胡伟	一星
127	黄山学院	袁娜	一星
128	江苏大学	戴虹	一星
129	江苏大学	韩荣	一星
130	江苏大学	李莎	一星
131	江苏大学	朱喆	一星
132	江西理工大学	兰红	一星
133	江西理工大学	李江华	一星
134	江西师范大学	邓格琳	一星

135	江西中医药大学	熊旺平	一星
136	江西中医药大学	周娴	一星
137	解放军空军工程大学	拓明福	一星
138	解放军空军工程大学	赵永梅	一星
139	喀什大学	宋晓丽	一星
140	辽宁工程技术大学	刘威	一星
141	辽宁工业大学	李敬峰	一星
142	辽宁工业大学	刘耘	一星
143	辽宁工业大学	杨晨	一星
144	南华大学	李金玲	一星
145	南京大学金陵学院	郭静	一星
146	南京工业大学	王莉	一星
147	南京工业大学浦江学院	王欣	一星
148	南京航空航天大学	范学智	一星
149	南京航空航天大学	汪浩文	一星
150	南京航空航天大学	赵蕴龙	一星
151	南京农业大学	孟凯	一星
152	南京农业大学	王东波	一星
153	南京师范大学音乐学院	吕振斌	一星
154	南京晓庄学院	杨欢	一星
155	南京医科大学	丁贵鹏	一星
156	南京医科大学	林雪	一星
157	南京医科大学	刘潋	一星
158	南京医科大学	邵娇芳	一星
159	南京医科大学	施广楠	一星
160	南京医科大学	王富强	一星
161	内蒙古科技大学	兰孝文	一星
162	内蒙古科技大学	刘新	一星
163	内蒙古师范大学	萨茹拉	一星
164	宁波工程学院	楼建明	一星
165	宁波工程学院	童春芽	一星
166	青岛大学	任雪玲	一星
167	曲靖师范学院	包娜	一星
168	三江学院	蔡志锋	一星
169	三江学院	沈洵	一星
170	厦门大学	曾鸣	一星
171	厦门大学	冯超	一星
172	厦门大学	谢作生	一星
173	山东师范大学	杨晓娟	一星

174	山西大同大学	王丽	一星
175	山西大学	高嘉伟	一星
176	陕西科技大学	侯卫敏	一星
177	陕西科技大学	米高峰	一星
178	上海财经大学	韩冬梅	一星
179	上海财经大学	韩潇	一星
180	上海海事大学	李吉彬	一星
181	上海海事大学	章夏芬	一星
182	韶关学院	陈正铭	一星
183	深圳大学	刘志丹	一星
184	深圳大学	王璐	一星
185	深圳大学	伍楷舜	一星
186	沈阳工业大学	王静文	一星
187	沈阳理工大学	关涛	一星
188	沈阳理工大学	刘娜	一星
189	石河子大学	胡新华	一星
190	石河子大学	康娟	一星
191	石河子大学	李志刚	一星
192	石河子大学	刘萍	一星
193	四川师范大学	曹乐	一星
194	四川师范大学	张建成	一星
195	四川师范大学	张军	一星
196	太原理工大学	刘佩芳	一星
197	天津大学	宋佳音	一星
198	天津大学	赵伟	一星
199	天津农学院	郭瑞军	一星
200	天津农学院	郭世懿	一星
201	同济大学	丛培盛	一星
202	同济大学	孙丽君	一星
203	同济大学	袁科萍	一星
204	梧州学院	邸臻炜	一星
205	梧州学院	贺杰	一星
206	武汉大学	李华玮	一星
207	武汉大学	彭红梅	一星
208	武汉理工大学	刘艳	一星
209	武汉理工大学	彭静	一星
210	武汉理工大学	彭强	一星
211	武汉体育学院	茅洁	一星
212	武警工程大学	苏光伟	一星

213	武警后勤学院	程慧	一星
214	武警后勤学院	金锬桄	一星
215	西安电子科技大学	李林	一星
216	西北大学	董卫军	一星
217	西北大学	温超	一星
218	西北大学	温雅	一星
219	西北大学	尹夏清	一星
220	西北大学	周焱	一星
221	西北师范大学	盛鸿斌	一星
222	西北师范大学知行学院	冯凯	一星
223	西北师范大学知行学院	张金华	一星
224	西昌学院	牟小令	一星
225	西华师范大学	曹蕾	一星
226	西华师范大学	牛亚丽	一星
227	西华师范大学	汪潜	一星
228	西华师范大学	张耀	一星
229	西南林业大学	董建娥	一星
230	西南林业大学	何鑫	一星
231	西南民族大学	穆磊	一星
232	星海音乐学院	陶陌	一星
233	星海音乐学院	魏德邦	一星
234	徐州工程学院	刘阳	一星
235	徐州工程学院	张显卫	一星
236	盐城工学院	裴森森	一星
237	盐城工学院	徐秀芳	一星
238	燕山大学	李贤善	一星
239	燕山大学	文冬	一星
240	燕山大学	尤殿龙	一星
241	燕山大学	余扬	一星
242	玉溪师范学院	于佳	一星
243	云南财经大学	王元亮	一星
244	长江师范学院	宋永石	一星
245	长江师范学院	张霖	一星
246	浙江传媒学院	李铉鑫	一星
247	浙江传媒学院	张帆	一星
248	浙江工商大学	陈岫	一星
249	浙江工商大学	赵侃	一星
250	浙江农林大学	方善用	一星
251	浙江农林大学	黄慧君	一星
252	浙江师范大学	张依婷	一星

253	浙江音乐学院	姜超迁	一星
254	浙江音乐学院	王新宇	一星
255	郑州大学	刘钺	一星
256	郑州大学	罗荣辉	一星
257	郑州大学	马建红	一星
258	郑州大学	田勇志	一星
259	郑州大学	张博	一星
260	中北大学	柴锐	一星
261	中北大学	秦品乐	一星
262	中国传媒大学	崔蕴鹏	一星
263	中国传媒大学	王铉	一星
264	中国人民解放军海军航空大学	吕海燕	一星
265	中国人民解放军海军航空大学	赵媛	一星
266	中南民族大学	夏晋	一星
267	中南民族大学	熊清华	一星
268	中央民族大学	李瑞翔	一星
269	中央民族大学	卢勇	一星
270	中央民族大学	毛湛文	一星
271	中央民族大学	潘秀琴	一星
272	中央民族大学	蒲秋梅	一星
273	中央民族大学	吴占勇	一星
274	中央民族大学	闫晓东	一星
275	重庆工商大学	杨永斌	一星
276	重庆理工大学	卢玲	一星

12.3　2020年（第13届）大赛一、二等奖作品列表（节选）

12.3.1　2020年中国大学计算机设计大赛大数据一等奖

序号	作品编号	作品名称	参赛学校	作者	指导教师
1	70291	基于多源异构数据融合的公共交通智能分析系统	南京航空航天大学	蔡月啸、崔明暄、狄文杰	赵蕴龙
2	70775	基于时序热词挖掘的 COVID-19 舆情监测和情感分析系统	海南大学	张亦先、杨一帆、李佳乐	程杰仁、吴迪
3	74707	mTshare: 基于移动信息大数据挖掘的出租车共享出行系统	深圳大学	陈林桦、李宇良、刘键聪	刘志丹
4	78935	图讯 News Map	武汉大学	罗运、胡宏伟、余思佳	李华玮、彭红梅
5	79668	COVID-19 疫情多尺度智能监控与预警系统	滁州学院	袁晓阳、岳梓晨、邓虎	邓凯、杨灿灿
6	81484	基于大数据的疫情监控与预测系统	江西理工大学	王得江、宋吉、杨振盛	李江华、兰红
7	88298	基于NLP 的新媒体传播分析系统	华东理工大学	顾轶洋、冷雨辰、黄小悦	胡庆春、李莉

12.3.2　2020年中国大学计算机设计大赛大数据二等奖

序号	作品编号	作品名称	参赛学校	作者	指导教师
1	68591	基于图像数据挖掘的农作物病虫害精准检测系统	大连海事大学	魏文晖、贾泽宇、林婷婷	毕胜、金国华
2	68915	基于网络表示学习的专利信息分析系统	南京理工大学	张才溢、常颖逍、周岑钰	张金柱
3	69059	"雅颜"——妆颜测评与分享系统	华南师范大学	麦成源、庄杰颖、王冰冰	梁艳
4	69461	天气之子——基于深度学习的雷达回波预测与短临暴雨预警系统	东南大学	栾岱洋、曹中豪、李浩瑞	牛丹
5	69544	AI合成人脸识别系统	广东理工学院	高庆、马楚涛	向志华、梁玉英
6	69936	基于随机森林的非小细胞肺癌临床大数据预后分析与可视化平台	南京医科大学	董乙人、张祎泠、宋文煜	王富强、张汝阳
7	70909	基于Flink实时流式处理舆情监测系统	广东白云学院	叶俊斌、孔令希	汤海林、刘海房
8	71563	基于大数据的潮汐车道的设置——以厦门市为例	厦门大学	袁沈阳、徐清韵、徐庚辰	赖永炫
9	71726	基于深度学习的重大传染病语义知识自动抽取研究	南京农业大学	伊凡、秦天允、高阳	王东波、胡冰
10	71731	药知汇——面向用药说明大数据的多维知识获取及检索研究	南京农业大学	王之韵、刘欢、林文卫	王东波
11	71929	多模融合的智能医疗信息系统——素问医典	中央民族大学	周小凯、谢谦、熊章锦	胥桂仙、张廷
12	72446	基于负数据库的隐私保护在线医疗诊断系统	武汉理工大学	张明坤、刘晓稳、熊博涛	赵冬冬
13	72450	通信技术领域商业情报知识图谱系统	武汉理工大学	成立、魏铭宏、梁哲	宋华珠
14	73288	基于DBLP大数据的文献查询与分析系统	华南理工大学	黄智权、韩耀华	张见威
15	74678	思邈慧医——基于词编码双向LSTM-CRF模型和知识图谱智慧医疗咨询系统	中南林业科技大学	张舸航、吕明杰、刘盛宇	周国雄、黄洪旭
16	74711	基于多维时间序列矩阵聚类分析的5G基站能耗管理应用	深圳大学	黄炳森、刘耿欣、杜炜豪	魏丞昊、李俊杰
17	74810	基于车辆轨迹大数据分析的AI动态交通智能数据挖掘系统	沈阳航空航天大学	巩震、张滢、石东岳	陈丹红
18	74967	QF-HITS：基于量子金融理论的智能对冲交易系统	北京师范大学-香港浸会大学联合国际学院	仇毅夫、袁懿聪、陈正	李树德
19	77102	基于价值链分析的云端财务大数据分析平台	南昌大学	段晓东、石佳燕、韩松源	徐健锋、左珂
20	77158	智慧司法平台	湘潭大学	唐自强、马彪、徐成锐	程戈
21	78103	"标题党"文章甄别模型研究	重庆理工大学	刘渝、陈文龙、丁俊洋	曹琼

序号	作品编号	作品名称	参赛学校	作者	指导教师
22	78936	中医药大数据平台	武汉大学	张馨月、董维琦、吴健豪	刘斌、黄建忠
23	79150	基于法务大数据的法律咨询机器人	燕山大学	张志鹏、王子易	王晓寰
24	79820	基于多源异构数据融合的智能交通知识图谱系统	大连理工大学	汤宇轩、姜海斌、李兴隆	齐恒
25	81553	速光——基于夜间灯光数据的城市扩张预测	长沙理工大学	马云飞、陈理楠、邹大成	俞晓莹、王轶
26	81724	基于深度学习的遥感图像耕地信息提取和超分辨率处理系统	合肥工业大学（宣城校区）	袁一博、董轶佳、崔晨曦	董张玉、林杰华
27	82414	轻资讯——基于预训练模型的智能新闻推荐系统	重庆邮电大学	袁毅、陶克元、易靖涛	王进
28	82716	出租车交通监控分析平台	安徽信息工程学院	戈书涵、周松、陈百权	尹辉平、丁鑫
29	82717	基于Spark的心脏病风险监测分析平台	安徽信息工程学院	王逸伦、许巍、戚康康	尹辉平
30	83806	花满蹊	河南工程学院	王帅帅、梁焯炫、何雨飞	王禹
31	84901	智行慧通	浙江中医药大学	杨星浩、王瀛、朱桑	李志敏、孙桂芹
32	85168	基于人员轨迹的校园疫情防控大数据系统	河南城建学院	刘沣霆、张泽旭、郭崇岭	董国忠、薛冰
33	87526	公共交通"心理诊断"平台	同济大学	袁青昊、庄子鲲	孙丽君
34	87631	基于微博肺炎疫情数据的舆情分析	郑州大学	李佳择、程泽华、郭孟伟	李妍
35	87987	上海市文娱设施与信息系统	华东师范大学	张心怡、王九科、樊春英	刘艳
36	88073	长三角城市胶囊	东华大学	吴子怡、闵昱、闻悦	吴勇
37	88117	惠比价	上海电力大学	李正浩、陆嘉浩	周平、毕忠勤
38	88372	Mlearning自学推荐平台	上海财经大学	陈氢、梁爽、俞国瑞	韩松乔
39	88526	基于深度学习的社交平台恶意用户检测系统	四川大学	高天予、彭文俊、李方钏	王鹏
40	88772	基于LGB模型的羊毛党挖掘研究——以甜橙金融为例	西南财经大学	杨焕珺、谢世禧、陈芮	王涛
41	88906	基于深度学习的情感识别系统	四川大学	李伟创、夏冬浩、齐瑞娴	王海舟

12.3.3 2020年中国大学计算机设计大赛计算机音乐创作一等奖

序号	作品编号	作品名称	参赛学校	作者	指导教师
1	81812	大漠之恋	喀什大学	阿克尧力·阿帕、古再丽努尔·图尔洪	宋晓丽
2	85598	钉钉幻想	四川师范大学	齐士元	张建成、曹乐
3	85958	拾铃叠幽	西北师范大学	王琦	盛鸿斌
4	86636	梦元夕	南京师范大学	季欣怡	吕振斌

12.3.4 2020 年中国大学计算机设计大赛计算机音乐创作二等奖

序号	作品编号	作品名称	参赛学校	作者	指导教师
1	78578	一念不忘	沈阳工学院	梁倩瑜、李雨时、张乘铭	西麒润、于悦
2	80805	Hollywood Game	吉首大学	孟丹	苏蔚琦、曾丽蓉
3	82008	中华	台州学院	黄伦、汪小芹、林羽欣	牟健、李静
4	82772	跟着太阳一路来	大连海事大学	恩尼日	白帆
5	83367	Valentine	吉首大学	连天琪	苏蔚琦、张先永
6	83694	共生	厦门理工学院	黄志杰、钟林志、周章琪	张伊扬、蔡茅
7	84245	闲花白	宜春学院	廖睿琛	卢强
8	84660	毕竟西湖六月中	西安音乐学院	黎宣辰	何亚琪
9	84830	侠客行	厦门理工学院	杨薇、闫鑫钰、刘敏慧	孙屹
10	84881	对月	厦门理工学院	曾杰昌	朱敏慎
11	85595	清风武当	四川师范大学	陈子鹏	任伟鑫、曹乐
12	85599	师父	四川师范大学	何全东	曹乐、刘泳
13	85617	蜀道难	南京信息工程大学	杨惟钧、葛琦	张友燕
14	85628	Wild Lion	四川音乐学院	赵伦	赵天
15	86369	Above The Sky	集美大学	陈捷	柴庆伟
16	86637	李清照	南京师范大学音乐学院	周明慧	吕振斌
17	87264	出塞	浙江外国语学院	叶俊杰	陈威、李波
18	87265	渡梦	浙江外国语学院	窦佳辉、张梓谦	陈威、李波

12.3.5 2020 年中国大学计算机设计大赛计算机音乐创作专业组一等奖

序号	作品编号	作品名称	参赛学校	作者	指导教师
1	84303	渡	中国传媒大学	何星宇	王铉
2	84320	和鸣	中国传媒大学	毕崇闳	王铉
3	86398	魔王宫殿	浙江音乐学院	顾斯怡	姜超迁、王新宇
4	86918	月影飞歌	星海音乐学院	吴栩杭	魏德邦、陶陌

12.3.6 2020 年中国大学计算机设计大赛计算机音乐创作专业组二等奖

序号	作品编号	作品名称	参赛学校	作者	指导教师
1	83218	游子说	四川传媒学院	谢昊澜	彭逸辉
2	84308	飞花令	中国传媒大学	邓超源	王铉
3	84319	萧声咽	中国传媒大学	汪奕含	王铉
4	84657	1AM	西安音乐学院	詹志远、梁宇璇	白皓
5	85449	《漪涟影叹》——为琵琶、室内乐与电子乐而作	上海音乐学院	王樱洁	刘灏

序号	作品编号	作品名称	参赛学校	作者	指导教师
6	85619	太阳纪	四川音乐学院	李铄仪	陆敏捷、蔡奕滨
7	85621	归来时	四川音乐学院	李中原	蔡奕滨
8	86133	雨中行动	上海音乐学院	郁一凡	刘灏
9	86413	碎梦	浙江音乐学院	张奕	段瑞雷、黄晓东
10	86415	Plato	浙江音乐学院	全佳琪	李秋筱、李曼妮
11	86742	石头人还是木头人？	武汉音乐学院	陈开元	冯坚
12	86774	猎人之歌（Dubstep Remix）	广西艺术学院	农振乾	李勋
13	86917	小长大	星海音乐学院	杨子为	于典
14	87300	Evil Man will Be Cut Off	上海师范大学	李天豪	申林、赵娴

12.3.7　2020年中国大学计算机设计大赛人工智能实践赛一等奖

序号	作品编号	作品名称	参赛学校	作者	指导教师
1	68740	地铁人流密度智能监控系统	南京工业大学	徐硕、袁天、刘溪芃	王莉
2	71539	OralZealot	厦门大学	陈晓如、王显伟、钱秋妍	曾鸣
3	71722	基于知识图谱的非物质文化遗产自动问答系统	南京农业大学	杨帆、郭祥月、陈昱成	王东波、孟凯
4	71937	多重检验交通违法检测系统	中央民族大学	谢谦、周小凯、熊章锦	潘秀琴
5	74716	VR新交互——基于商用手表的虚拟现实交互方法	深圳大学	徐子清、陈凯鑫、冯思思	伍楷舜、王璐
6	76835	检路——基于计算机视觉的公路养护信息采集系统	中北大学	李浩、秦嘉豪、许志茹	柴锐、秦品乐
7	77794	基于轻量级卷积神经网络的大豆种子分选系统	东北农业大学	赵国洋、张瀚文、李松蔚	权龙哲
8	81747	行走的东巴文化——基于深度学习的东巴象形文字识别助手	西南林业大学	谢裕睿、黄永辉	董建娥、何鑫
9	81891	基于嵌入式人工智能的机务段调车信号识别系统	合肥工业大学	盛典墨、宋钰、李航	卫星、陆阳
10	87514	基于智能算法的结构拓扑找形设计	同济大学	郭跃、刘浩然	孙丽君
11	87605	基于实时人群密度监测技术的公共场合人员流动信息管理系统	同济大学	唐明健、孟诗乔、张远航	丛培盛
12	88304	月面机器人智能导航及仿真操控系统	华东理工大学	张富照、王逸璇、王婧馨	张雪芹

67

12.3.8 2020 年中国大学计算机设计大赛人工智能实践赛二等奖

序号	作品编号	作品名称	参赛学校	作者	指导教师
1	68595	基于 RS-CNN 的森林火灾智能监控系统	大连海事大学	石镜澄、孙英、郑文睿	王玉磊、汪青
2	68904	基于生物电及视觉感知的特殊人群辅助系统	常州工学院	王信凯、沈振野、顾瀛	郭杰、葛为民
3	69050	基于深度残差神经网络的新冠肺炎 CT 图像检测	广东医科大学	练振宏、陈梓珊、苏燕忠	向函
4	69063	"去瑕"	华南师范大学	何志豪、蔡洪华、岑少琪	丁美荣
5	69536	"净拾者"——医疗垃圾捡拾机器人	南京理工大学	李玉杰、许力丹、王嘉莉	马勇
6	69711	HeartBeat 心脏疾病智能辅助诊断系统	江南大学	杨晨、刘凡、汪思瀚	蒋亦樟、钱鹏江
7	70019	车易行——基于深度学习的车辆检测与车道偏离预警系统	华侨大学	范帅迪、崔宸玮、张雨琪	范文涛
8	70210	基于深度学习的智慧菜场系统	江苏科技大学	龚凯杰、朱钦峰、宋久哲	秦键、周园
9	70339	基于深度学习的新冠肺炎辅助诊断系统	河海大学	余彰恒、牛潞东、沙海潮	胡鹤轩
10	70430	掌识天下	沈阳大学	曲荣峰、李晶涛	吴微
11	70464	基于深度学习的农作物病害在线识别与咨询平台	仲恺农业工程学院	邱梓涛、王景华、林金翼	郑建华、吴南生
12	70558	基于深度学习的无人驾驶智能车设计	东北林业大学	吕健、杨振奎、王鹏	孙海龙
13	70969	人脸口罩识别——智能抗疫	盐城师范学院	路鹏、王永林、唐心雨	陈霜霜、蔡长安
14	71469	基于树莓派智能视觉的路灯控制系统	苏州大学	史伟杰、周杨、叶晓宇	季怡
15	71601	基于 Faster-RCNN 改进的真假图片识别	北京科技大学	艾欣、张镇、邓京琦	宋晏、汪红兵
16	71602	IQA Helper	北京科技大学	邢煜梓、林雨嘉、杨帅	李莎、汪红兵
17	71725	小呦——基于深度学习的野生保护动物自动识别研究	南京农业大学	商锦铃、刘振辉、汪磊	王东波、张林
18	71933	大化机器人——另一个角度看智能	中央民族大学	杨军晖、徐姜云、魏丹	潘秀琴
19	72170	情感行为可视化及自动抽取	北京语言大学	谢佳芩、肖诗茗、王丹	刘鹏远
20	72259	基于深度学习的 X 光危险品智能检测与自动报警系统	南京邮电大学	石宇、徐义格	徐小龙

序号	作品编号	作品名称	参赛学校	作者	指导教师
21	72296	基于全景视频的头部运动预测研究	南京师范大学	杨好知、刘书画	张国强
22	72392	藏汉跨语言信息检索系统	中央民族大学	李加东智、公保端知、娘格措	孙媛
23	72440	基于深度视觉的船舶驾驶舱人员到岗检测系统	武汉理工大学	刘伟健、李莨、张魏杰	马枫
24	72556	国光灾情侦察兵	广州大学华软软件学院	陈炫任、陈勇、陈林浩	董立国、李芳
25	72979	谣言止于智者	北京工商大学	王庆棒、上官婷婷、刘天奇	张青川、王雯
26	73076	语音摘要技术在英汉口语翻译自动评分中的应用研究	广东外语外贸大学	吴伟源、林莹婷	李心广
27	73388	基于机器视觉和PID算法的智能消毒机器人	广州大学	陈树康、董华朝、黄煜坚	杨旭、叶旭
28	73769	智能损管机器人	海军大连舰艇学院	倪政霖、王成文、陈豪威	祁薇、徐海鸥
29	73941	糖膳藏	沈阳工业大学	刘廷镇、马一民、艾德润	于霞
30	74659	基于卷积神经网络的植物病害识别系统	中南林业科技大学	文祎琳、邓淞允、姚博学	钟少宏
31	74672	睿律——基于深度学习和知识图谱的智能法律咨询辅助系统	中南林业科技大学	张舸航、吕明杰、刘盛宇	周国雄、钟少宏
32	74746	Blossom 2019——基于深度学习的智能歌词配曲系统	对外经济贸易大学	邓剑锋、钟思尧、李昶宪	任龙
33	74873	"渔宝"机器人	广东海洋大学	郭泽权、郑佛敏、卢声耀	闫秀英、陈亮
34	74935	基于稠密自编码器的无监督植株图像深度估计	沈阳农业大学	李亚楠、夏宇辰、张雨	周云成
35	74970	小明同学智能语音机器人	对外经济贸易大学	刘明皓、李信一	李兵
36	76304	防疫出行贴身保镖——基于多类目标识别和口罩识别	湖北经济学院	李小菲、马远辰、张命龙	叶雪军、唐建宇
37	77002	基于论元抽取的文科主观题自动批改及反馈系统	华中师范大学	李炫宏、张笑、邓源	胡珀
38	77162	智慧工厂机器人巡检系统	湘潭大学	张海、罗鑫、龙思	王求真、曾小英
39	78002	盲人智能眼镜	哈尔滨工程大学	丁一航、栾思敏、刘柯宏	高伟
40	78018	热轧带钢浪边智能识别系统	东北大学	张晗修、杨才华、彭淼	郝培锋
41	78021	道路裂缝识别系统	东北大学	刘浩琛、操瑞钰、唐海萍	

序号	作品编号	作品名称	参赛学校	作者	指导教师
42	78089	Ueye	重庆理工大学	马靖、易枭竹、向敏	卢玲
43	78752	智多桶	重庆师范大学	阳小丽、张雪莲、张贤迪	兰晓红、孙苗
44	79154	新模式儿童 AI 编程教育平台	燕山大学	邢浩哲、董雅超、马传阳	李贤善
45	79155	面向疫情防控的人流预警机器人	燕山大学	刘珈汝、毛彦钧、张福凯	郭栋梁
46	79356	基于分布式特征表示与模型困惑度的领域问答系统	重庆邮电大学	王志强、刘星宇、刘欢	刘立
47	79676	基于机器学习的恶意 PE 文件检测系统	滁州学院	王旭、陈东、徐帅	陈海宝、赵玉艳
48	80012	智能运动背心	安徽医科大学	戴雨龙、邹洁、陈冰洁	马玉婷、程悍
49	80726	基于深度学习的心脏图像分析系统	安徽大学	陈瑞峰、董章福	杜秀全
50	80941	面向复杂海洋环境的水下机器人	大连理工大学	张津榕、原一丹、侯兆鹏	王飞龙、刘胜蓝
51	81080	基于图像识别的疲劳驾驶干预系统	安徽文达信息工程学院	高浩、吴金锁、何军富	褚诗伟、丁怀宝
52	81725	基于 TensorFlow 的老照片着色系统	合肥工业大学（宣城校区）	叶岩宁、黄志斌	冷金麟、娄彦山
53	81896	"QuickEar"语音真实性检测系统	合肥工业大学	季仁杰、葛昭旭、陈清	苏兆品
54	82845	基于深度强化学习的 WhiteDog 四足机器人真实动物步态模仿	昆明理工大学	王浩阳、张瀚中、欧洋汛	张晓丽、黎志
55	82977	智能安全帽检测在行业中的应用	杭州师范大学	朱尚然、叶希臣、武也婷	徐舒畅、姚争为
56	82978	虚拟文物合影系统	杭州师范大学	施莹丹、何杭佳、梁嘉嵘	徐舒畅
57	84382	基于图像识别和知识图谱的农作物病虫害检测系统	内蒙古科技大学	曾剑、李琪、王昱璇	汪再秋、李建军
58	84508	植慧农家	重庆大学	董学竹、蒲瞻星	曾一
59	87029	交通时空大数据挖掘大屏展示系统	天津工业大学	臧伯杨、李佳怡、李朝阳	王赜
60	87031	AI 助眠枕	天津工业大学	连欣、刘欧阳、黄新煜	王慧泉
61	87340	绘手——基于 SVM 的隔空书写及识字系统	河南农业大学	刘志煌、胡向阳、刘越洋	刘合兵、张浩

序号	作品编号	作品名称	参赛学校	作者	指导教师
62	87510	稻花香里说丰年——基于深度卷积神经网络的农作物病虫害 AI 智能识别系统	同济大学	庞路、俞少作、邓杰	肖杨
63	87660	基于计算机视觉的智能导盲仪	郑州大学	葛亚茹、王莉莉、张孟垚	李翠霞
64	87726	"健入佳境"	西北大学	宋建恒、陈伟、付伟峰	张雨禾
65	87901	基于 ResNet 图像识别和 CNN 智能推荐的个性化垃圾分类系统	上海大学	张曼曼、陈宇鑫、宋江	高珏、沈俊
66	87915	趣味鱼生	上海海洋大学	钟宇航、卢玲儿、刘子义	袁红春、杨蒙召
67	87916	AiSchool——基于深度学习的高校消费行为特征分析系统	上海海洋大学	王晓鑫	赵丹枫、于庆梅
68	87991	夜间助视危险预警系统	华东师范大学	于潼、张正宇、左骏哲	徐伟、邱崧
69	88040	A-Eye 云监工——基于机器视觉的安全生产监督方案	西安电子科技大学	陈景轩、冯源、韩昌洲	李隐峰
70	88042	基于 77 GHz 毫米波雷达的智能手势识别系统	西安电子科技大学	王禹淙、王焕、陈雅君	王新怀、徐茵
71	88109	诗呆 AI——基于深度学习的趣味智能作诗系统	上海大学	汤玮、徐霜玉、郑晓虎	彭俊杰
72	88120	"电力巡线员"——智能电力巡检系统	上海电力大学	王诗涵、刘星宇、俞韵凯	江超、曹以龙
73	88404	基于深度强化学习的网络交通信号灯优化系统	电子科技大学	冉运川、赵悦安、楼一参	吴佳
74	88416	柑橘病虫害智能识别与防治平台	四川工商学院	冉力争、杨纤、侯顿	王敏、陈蕊
75	88479	智郁蔚来——基于静息脑电和神经网络的未成年抑郁诊断治疗系统	西南民族大学	张淑豪、赵一明、韩佳敏	方诗虹
76	88518	基于深度学习的生活垃圾分类系统	四川文理学院	冉启培、宋再兴、李瑞	梁弼、杨成福
77	88682	菌落计数医用智创	吉林大学	张珺龙、翟邦奇、张馨亓	许志军、车浩源
78	88728	智慧水务——基于深度学习的水利信息一体化平台	四川农业大学	彭宇豪、徐超、苏厚成	刘涛
79	88915	慧眼识麦——基于深度学习的小麦长势预估和产量预估研究	四川农业大学	张锡鑫、曹良犇、普敬誉	李志勇

12.3.9 2020 年中国大学计算机设计大赛人工智能挑战赛一等奖

序号	作品编号	作品名称	参赛学校	作者	指导教师
1	71500	【挑战一】TUF	厦门大学	陈锰钊、蒋卓凌、曾艺鑫	冯超、谢作生
2	73443	【挑战二】广域语义图像外推作数据扩充的结直肠息肉检测方案	大连海事大学	王政奥、李潭林、陈欣	屈雯
3	79306	【挑战二】基于 Faster R-CNN 的结直肠息肉检测	燕山大学	马迎伟、张志鹏、章睿彬	李贤善、余扬
4	79578	【挑战二】基于深度学习的结直肠息肉检测	东南大学	封泽、侯润泽、季重威	陈伟
5	85549	【挑战四】基于 PNN 分类与 LVQ 神经网络的疫情数据预测模型	郑州大学	姜书敏、李嘉诚、胡化策	罗荣辉、田勇志
6	87683	【挑战一】基于视觉的自主驾驶小车	安徽师范大学	王钰鑫、汪俊、陈玉熙	张捷、卞维新
7	88087	【挑战三】人工智能物流运输机器人	宁波工程学院	戴豪俊、洪凯、俞珍妮	童春芽、楼建明

12.3.10 2020 年中国大学计算机设计大赛人工智能挑战赛二等奖

序号	作品编号	作品名称	参赛学校	作者	指导教师
1	71611	【挑战一】贝壳智能车	北京科技大学	曾顶、刘广浩、王思喆	万亚东、武航星
2	71661	【挑战二】基于 CT 影像的结直肠息肉检测	北京信息科技大学	冉青林、张昂、赵非凡	刘亚辉、黄宏博
3	76227	【挑战一】草原鹰隼	内蒙古科技大学包头师范学院	韩擎宇、李祥、马子渊	刘爱军、塔林
4	78656	【挑战二】基于 Mask R-CNN 的结直肠息肉检测模型	华南师范大学	麦艮廷、江世杰、胡昊天	张洋、梁艳
5	79577	【挑战二】基于 YOLOv4 的结直肠息肉检查模型	东南大学	滕亚鹏、顾诗怡、容志毅	夏思宇
6	79840	【挑战二】基于 CT 影像的结直肠息肉检测	大连理工大学	袁廷洲、丁冉、张仁浩	刘胜蓝、刘洋
7	80430	【挑战二】基于 EfficientDet 的结直肠息肉检测	西北大学	应瀚、卢龙云、王国瑞	董卫军
8	80520	【挑战二】基于深度学习的结直肠息肉检测技术研究	南通大学	蒋泽宇、杜鸣、彭文静	袁银龙、华亮
9	80757	【挑战二】结直肠息肉检测挑战	浙江师范大学	程靖琰、章浩科、刘威	马利红、张克华
10	82854	【挑战二】基于复合主干网络的 Cascade RCNN 的息肉检测	深圳大学	刘雨宸、刘鸿杰、林锦星	李炎然
11	82864	【挑战二】DF-PolypNet——基于 DIoU 和 Focal Loss 的单类别息肉检测	深圳大学	刘耿欣、苏泽嘉、黄炳森	赖志辉

续表

序号	作品编号	作品名称	参赛学校	作者	指导教师
12	83736	【挑战一】AutoblingCar	武汉大学	刘实、梁志杰、唐玉婷	黄建忠、王毅
13	84904	【挑战三】基于 LEO Ros 的智能物流分拣机器人	苏州大学	邓梦康、陈方正、吴义健	孙承峰、张艳华
14	85423	【挑战二】基于深度学习的 CT 影像结直肠息肉检测	南京理工大学	苏一飞、邬莉莉、孔迎澳	孙亚星
15	85490	【挑战四】人口流动数据的新冠肺炎疫情预测模型	南京医科大学	王湘、宋文煜、刘文	彭志行
16	86269	【挑战四】人口流动数据的新冠疫情预测模型	赣南师范大学	甘晓花、钟定鑫、赖琴	管立新、李孟山
17	86272	【挑战一】智能驾驶小车	四川师范大学	王佳伟、陈云、孙华阳	李军、何浩
18	86693	【挑战二】基于 Efficient-YOLOv3 的结直肠息肉检测模型	徐州医科大学	吴佳伟、罗江、孙伟琴	王德广、王辉
19	86912	【挑战四】基于机器学习的新冠肺炎疫情预测模型	重庆工商大学	左洁、何文婷、刘巍	范兴容、刘波
20	87089	【挑战一】基于机器视觉的无人驾驶小车	南昌航空大学	张政、李龙海、杨子龙	杨词慧
21	87297	【挑战四】基于 AdaBoost 算法以人口流动预测新冠疫情	中国社会科学院大学	庄妍、吴蕙羽、曹世泽	朱俭、张戈
22	87324	【挑战二】基于 YOLOv4 模型的结直肠息肉检测算法	中央民族大学	陈德阳、姜嘉东	李瑞翔、卢勇
23	87509	【挑战二】基于 Faster-RCNN 的息肉检测算法	同济大学	郑浥晨、林剑锋、麦卓彬	王睿智
24	87532	【挑战二】基于剪枝的 YOLO-V3 结直肠息肉检测	河北大学	杨淇、吕苗苗、何龙一	罗文劼
25	87569	【挑战二】基于改进 YOLOv3 的直肠息肉识别	内江师范学院	陈思宇、刘彦、雷雨	张攀、李尧
26	87577	【挑战一】Battle_Master	同济大学	陈麒宇、党荣浩、张天成	张志明
27	87614	【挑战二】基于深度学习的结直肠息肉 CT 影像智能诊断云平台	华东师范大学	孟天宇、姚妤舒、邓颖佼	邱崧、徐伟
28	87710	【挑战一】BJUT Future Car	北京工业大学	霍晓彤、丁义龙	包振山、张文博
29	87712	【挑战一】基于多摄像机视觉识别的自主驾驶小车	山东大学	魏鹏坤、周锦凡、刘学锋	田天、张伟
30	88058	【挑战三】智能分拣车	宁波工程学院	何淼枫、黄宇洋、杨雨露	袁红星、童春芽
31	88271	【挑战四】人工智能挑战赛 1 组	重庆理工大学	吴一航、钟豪、刘远航	曹琼
32	89061	【挑战三】i 分拣——小猪快跑	华东师范大学	朱清怡、李宇恒、王龙逊	张新宇

12.3.11　2020 年中国大学计算机设计大赛软件应用与开发一等奖

序号	作品编号	作品名称	参赛学校	作者	指导教师
1	68569	基于 Faster R－CNN 的鱼类分类识别算法	大连海事大学	杨媛翔、郭宇森、贾明晖	季昉、柳丽川
2	68712	X 校园疫情防控智能解决方案	盐城工学院	夏旻、陶奕阳	徐秀芳、裴森森
3	69453	Holographic Class——混合现实互动教学系统	东南大学	于千、姚志伟、宋媛媛	陈伟
4	69553	基于区块链的可溯源基金会运营平台	广东科技学院	岑东桦、黎智健、黄鉴熙	黄欣欣
5	72471	"医拍即得"健康管理小程序	武汉理工大学	潘钰明志、王晨辉、李耀	彭静
6	73931	云上轻量级收银系统开发	沈阳工业大学	王晨光、管林、王晨	王静文
7	74648	基于云端共享规则和深度雷达扫描算法的安卓清理君	广东海洋大学	梁裕佳、陈镕浩、陈煜楠	余应淮、谢仕义
8	75191	不咕计划	北京大学	肖元安、陈沛庆、马源	刘志敏
9	75215	"泉州木偶剧团"官方小程序	北京体育大学	洪诗怡、叶琰、吴昀	刘正
10	75661	基于外观注视估计的虚拟键盘设计与应用	北京师范大学珠海分校	黄君浩	贺辉
11	78081	LoveLink（双人安全实时定位微信小程序）	重庆理工大学	黄仲威、李铭洋、廖春	卢玲
12	78413	We Meeting——基于 WebRTC 的多人实时会议系统	湖北理工学院	熊维建、成厚豪、屠正源	袁涌、缪贤浩
13	79638	安徽省县域农村精准扶贫空间分析系统	滁州学院	袁晓阳、岳梓晨、刘卫东	邓凯、杨灿灿
14	81941	画中人——基于交互分割的人与景艺术风格融合 APP	合肥工业大学	邬元航、赵煜、王熠桓	郝世杰、汪萌
15	82056	疫情防护管理系统	重庆工商大学	周俊宇、龚玙、何颖	杨永斌
16	82332	社区垃圾分类助力者	杭州电子科技大学信息工程学院	揭金民、柴江力、彭明强	孙志海、张万军
17	82583	郑州市惠济区村务监督平台	河南大学濮阳工学院	韩张敏、杨永超、王聪洋	李静
18	83424	中成药智慧合理用药监测系统	江西中医药大学	陈海龙、蔡炜兵、彭开红	熊旺平、周娴
19	84381	基于 LLVM 的新的可视化编程教学平台	内蒙古科技大学	贾利凯、刘洋、宋凯	刘新、兰孝文
20	87550	单向复合材料管理与分析系统	同济大学	王金鹤、丁川、甘子川	袁科萍

序号	作品编号	作品名称	参赛学校	作者	指导教师
21	87898	沪语者上海话教学软件	上海海事大学	江文全、金江林、杨张悦	李吉彬、章夏芬
22	87977	MaticLab	华东师范大学	郭友猛、刘麻秀、朱林染	朱晴婷、刘金梅
23	88366	战疫：我们与你同在	上海财经大学	王睿鑫、杜思霖、盛博远	韩冬梅
24	88367	万众"疫"心——疫情预测可视化网站	上海财经大学	王郝东、赖明昊、夏逸超	韩潇
25	88625	AI 安全帐篷——中国户外露营安全引领者	西华师范大学	刘博、林钰洋、侯英杰	汪潜、牛亚丽
26	88640	JsHD 调试器	西华师范大学	陈壹东、程泽浜	张耀
27	88672	酷易物联——新兴物联网平台	西昌学院	蒋文、杨帆、黄露茜	牟小令

12.3.12　2020 年中国大学计算机设计大赛软件应用与开发二等奖

序号	作品编号	作品名称	参赛学校	作者	指导教师
1	68767	零售药店信息管理系统	中国药科大学	兰丽容	赵鸿萍、杨帆
2	68930	"随课记"——基于 SSD_Mobilenet 和 OpenCV 的课堂笔记 APP	东南大学成贤学院	吴凡、张琳琳、陈家伟	王梦晓、操凤萍
3	69067	森灵图鉴	华南师范大学	岑少琪、陈纯纯、郭静瑶	杨桂芝
4	69397	友聊创作分享系统	闽江学院	陈昀昊、薛沐凡、方友鑫	林叶郁、张福泉
5	69452	SEU 校友圈	东南大学	梅磊、梅洛瑜、杨昱昊	陈伟
6	69487	叮咚党建	东莞理工学院	黄佳福、胡佳华、朱映睿	赵海峰、敖欣
7	69527	基于微信小程序的校园信息一体化服务平台	南京邮电大学通达学院	李明康、郭若楠、徐欣	余永红
8	69554	暖到小程序	广东科技学院	张文权、吴俊淇、周兴毅	黄欣欣、龚澍
9	69608	大舆舆情分析系统	辽宁科技大学	宋健、王贺、沈熙	张秀梅
10	69618	基于人脸搜索及 PWA 智能救助系统	辽宁科技大学	李想、杨维昊、王晶莹	张玉军
11	70206	基于视觉传感的钢板余料再生产系统	江苏科技大学	惠蓝铭、徐功平、刘宇	江登表、石亮
12	70216	RBlong：基于图像识别的垃圾分类先行者	江苏科技大学	李翠锋、靳艺伦、张东博	张明、王艳
13	70221	云上蓝警	江苏科技大学	李锦浩、陈群、顾洁	刘嘎琼、严熙

75

序号	作品编号	作品名称	参赛学校	作者	指导教师
14	70259	基于步态识别的人员流动分析系统	江苏科技大学	江芳、王新硕、陆佳怡	卢冶、白素琴
15	70273	基于区块链和物联网的云资产管理平台	内蒙古大学	黄姚佳、侯佩昕、崔泽源	崔波
16	70390	C 程序相似度检测系统	南京航空航天大学	柴华溢、金玥、郭世祺	高航
17	70418	数字音效处理器	武昌工学院	雷毛头、王鑫涛、程贤	游波
18	70435	集中化运维监控平台	华南农业大学	刘平聪、黎卓明、李宇峰	蔡贤资、岑冠军
19	70443	智能垃圾分类助手	东莞理工学院城市学院	李志杰、黄德兴、梁伟怡	王浩亮、王丽莉
20	70888	基于用户画像的投资管理 Web 应用	南京大学	王宇烽	陶烨、张洁
21	71043	多模态融合的智慧健康养老平台	北京信息科技大学	陈华祯、曾辉、李迎旭	车蕾
22	71170	校园百事答	大连海洋大学	吴旺旺、刘美文	孔令花
23	71481	树洞救援自动问答系统	北京林业大学	王福琳	李昀
24	71537	基于人工智能辅助的贫困生申请和认定平台	仲恺农业工程学院	郭达彬、邱梓涛、刘珍琳	郑建华、吴南生
25	71538	画语相机：增强现实画作识别 APP	厦门大学	费翔、肖舒鉴、张一翀	陈龙彪
26	71564	XMIUCC 课程中心	厦门大学	仲天云、单晓妍、陆俊伟	高星
27	71592	润物无声	北京科技大学	刘强、付龙强、张梦婷	朱红、屈微
28	71947	云通智能仓储系统	南通大学	胡昕成、朱帅、王清永	丁浩、陈森博
29	71990	视界（Visual Field）——网络舆情分析与决策支持系统	南京理工大学	陈丹蕾、苏旺、江天玥	吴鹏
30	72062	基于漏洞挖掘的自动化网站安全管理系统	南京信息工程大学	刘正轩、陈凯、周林雨	闫雷鸣
31	72171	面向汉语学习者的作文自动评分系统	北京语言大学	张恒源、刘洋、安佳宁	杨麟儿
32	72353	智联麻涌	中山大学新华学院	关明健、温博洋、陆俊廷	潘志宏、刘金秀
33	72474	基于变邻域并行退火算法的物流配送管理系统	武汉理工大学	占洋、蔡晨冉、刘伟健	肖敏
34	72549	实时交通大数据可视化	广州大学华软软件学院	钟兴宇、黄铭晖、许惠仪	袁丽娜

序号	作品编号	作品名称	参赛学校	作者	指导教师
35	72750	Limfx 科研博客	华中科技大学	邹俊轩、付南阳、李博修	郑玮
36	72904	基于 Android 和 ARCore 的中学化学课程教材增强现实 APP	大连理工大学软件学院	曹创、彭佳汉、李刚毅	赖晓晨
37	73026	印尼语学习辅助平台	广东外语外贸大学	李立挺、周奕金、朱嘉文	蒋盛益
38	73096	基于梅尔频率倒谱系数的智能门锁系统算法研究	沈阳师范大学	赵文路、赵海宇、王子丹	何新、牟振
39	73178	基于推荐算法的校园微服务平台	广东技术师范大学天河学院	王家尧	胡安明
40	73319	"易背听"——基于人工智能的中小学生听写背诵在线辅助平台	长沙理工大学	张梓聪、周渝深、容博宇	宋云、邓泽林
41	73502	基于近场通信（NFC）的校园交易系统	北京工商大学	杨辉、刘家旭、李许文	赵霞
42	73622	研招智能问答系统	湖北工业大学	张梦愿、汪雨婷、盛诗蕊	陈建峡、程玉
43	73722	基于 Grad-CAM 和 JND 模型的可逆可视水印算法	中央民族大学	屈家生	宋伟
44	74682	基于区块链技术的具备多类型信息认证功能的安全通信系统	中南林业科技大学	李鑫澎、陈狮雄、曾广衍	吴光伟
45	74799	基于偏好分析的讯联寰宇在线书城	哈尔滨华德学院	杨宇	龚丹
46	74893	BJUT 智慧党务管理系统	北京工业大学	姜妃妍、单晨、刘博	田伟先
47	74986	IMScan——资产探测及自动化安全检测的数据感知平台	大连民族大学	孟昱星、邹航程、沈嘉琪	王晓强
48	75033	基于迁移学习的水族馆图像识别移动应用系统	北方工业大学	殷硕、安智伟、周嘉淳	王若宾、宋威
49	75065	基于 Hadoop 的企业管理系统	广州工商学院	章家宝、杨林宝、蔡淦泓	彭梅、谭泽荣
50	75076	We 广工商	广州工商学院	李宇湘、黄绮薇、叶建熙	曾志峰、彭平
51	75084	Focus——基于 DLIB 的网课效率监测系统	深圳大学	朱肇桓、尹杰璘、胡俊之	程国雄
52	75160	智慧云课堂微信小程序	运城学院	张涛、高亚茹、夏天	杨立、邵桂荣
53	75194	基于差分萤火虫算法的盲水印系统	海南大学	曹婉莹、丁常峰、刘云鹏	周晓谊、陶方舰
54	75766	塾食圈——智慧校园饮食文化微信小程序	东北农业大学	刘宇昕、关楠	杜勇、许晓强

序号	作品编号	作品名称	参赛学校	作者	指导教师
55	76074	小达出行微信小程序	北华航天工业学院	罗锦程、沈思珑、韩浩帅	刘洁、崔岩
56	76126	基于 NB-IOT 的身份授权信息管理系统	三峡大学	唐思佳、魏紫钰、吴宇轩	张上
57	76145	华康销售管理终端	辽宁对外经贸学院	束泰全、迟维楠、倪金玲	吕洪林、任华新
58	76489	枕上诗书	中南民族大学	陈秘秘、白鹤、吴彪	刘晶、张嫣
59	76700	防疫之网课时代的专属"完美老师"	华中师范大学	杨炳娜、谢夏风、王雨欣	王志锋
60	76714	（悦停 Parking）基于微信小程序的住宅小区车位共享管理系统	沈阳航空航天大学	石继壬、许晴、张浩成	刘鲲
61	76740	智农帮——基于深度学习的病害识别 App	中北大学	王浩、王琨茹、张杰	杨喜旺、于一
62	76983	"空间留有余，松弛行有度"——图书馆无接触空间管理系统	华中师范大学	吴诗寒、孟维飞、祝文卓	蔡霞
63	77151	云游博物——基于 Wi-Fi 室内定位技术的智能导览小程序	湘潭大学	甘文清、杨颜泽、唐慧晶	刘炜
64	77153	kiook——基于人工智能算法的电竞赛程编排系统	湘潭大学	张宇峰、雷智凯、李茜	王求真、邹娟
65	77175	DentalHealth 牙康大师	沈阳工学院	杨一波、杨子毅、张松玥	李莹
66	77176	基于 AI 的自主规划考研资讯网站——Postgraduate	沈阳工学院	纪鉴航、崔奥宇、岳熙霖	田林琳
67	77179	大学生创新创业管理系统	沈阳工学院	李久生、刘星宇、韩东阳	王岩、朱玲珠
68	77243	HiCollage——基于微信小程序的学生校务管理	海南大学	罗浩、张爵霖、朱文博	吴迪、黄梦醒
69	77443	寻犬宝——基于狗脸识别技术的寻狗系统	中南大学	林绪融、梁瑞津、罗俊泽	夏鄂、岑丽辉
70	77843	望花区河务管理信息系统	辽宁石油化工大学	孙富鸿、李洪彬、刘鑫浩	王维民、王福威
71	78083	SZhe_Scan 碎遮 Web 漏洞扫描系统	重庆理工大学	潘怡、王圣溶、董宁	苟光磊
72	78275	北普陀巡查监测小助手	辽宁工业大学	安国家、闫涛、李朋	贾丹
73	78440	领感	武汉大学	常佳鑫、朱雨涵、刘自强	彭红梅、刘树波
74	78929	多路摄像头口罩佩戴检测系统	武汉大学	伍谦、崔夏楠、白云鹏	王健

序号	作品编号	作品名称	参赛学校	作者	指导教师
75	79167	小 e 帮题——集做题、智能辅导于一体的人工智能教育 APP	燕山大学	张志鹏、候万金	冯建周、余扬
76	79435	基于 SpringBoot 框架的校园快递代拿服务平台	铜陵学院	张博文、梁洋、万雪锋	王福成、蒋剑军
77	79436	基于健康大数据的社区养老院健康服务系统	铜陵学院	何兴臣、范振宏、韩成杰	齐平、王福成
78	79512	高校迎新微服务平台	河北农业大学	刘亚航、张海泳、张文泽	姚竟发
79	79523	新冠病毒防控签到管理系统	河北农业大学	刘义鹏、梁振辉、张铁锋	姚竟发
80	79903	基于数据分析的图书馆智能服务系统	安徽农业大学	刘澳、姚越、吕超	陈祎琼、杨宝华
81	80145	编玩编学	安徽大学江淮学院	刘单、倪佳鑫	李云飞、权歆昕
82	80179	云同学——大学生学习交流平台	洛阳师范学院	李晓辉、毛会丽、崔雨田	李德光、贺秋瑞
83	80433	AR 家居	曲阜师范大学	李佳津、孔凡浩、王晓珑	刘智斌
84	80553	高校党建学院	亳州学院	陶家乐、王辰兮、陆琳琳	孟莉、朱锦龙
85	80826	eTask 电子作业管理系统	长江师范学院	袁志豪、李博、陈双	范会联、曾广朴
86	80877	互联网金融用户违约预测系统	重庆邮电大学	顾颂恩、许佳龙、黎美希	王进
87	80879	计算机教学智能查重系统	重庆邮电大学	祝浪、洪南山、刘瀚程	王进
88	80968	城市内涝智慧监测系统	南昌工程学院	林宇聪、叶健安、朱经莹	冯祥胜
89	81053	人工智能垃圾分类 APP	新疆师范大学	魏政、陈尧尧、布买热木汗·买托乎提	杨勇、任鸽
90	81102	普通话测试 APP	新疆师范大学	张少东、莫诚荣、赫亚华	杨勇
91	81278	徽程立知——面向安徽工程大学的垂直搜索引擎	安徽工程大学	韦啸凡、潘颖	刘贵如、王陆林
92	81357	在线选座购票小程序	新疆财经大学	熊荣耀、罗雅琪、祝彬阳	阿布都克力木·阿布力孜、哈里旦木·阿布都克里木
93	81621	车道偏离及人行横道预警系统设计	武昌工学院	崔立冬、胡晟圆、洪一凡	游波、展慧
94	81736	工大学习助手	合肥工业大学（宣城校区）	谭澳、鲍可欣、沈启凡	刘建、黄毅

序号	作品编号	作品名称	参赛学校	作者	指导教师
95	81936	云公文公章签名校验系统	合肥工业大学	李明程、唐瑞、刘江山	毕翔、徐娟
96	81945	黑白说 APP	合肥工业大学	王皓、王旻伟	林杰华、偶春生
97	82003	河北燕赵文化资源数字博物馆	河北金融学院	葛佳丽、张贵洁、王炜彬	刘冲、陈刚
98	82200	遗传算法物流最佳配送路线生成系统	河北建筑工程学院	吴光雨、杨冀祥、赵海川	康洪波、申静
99	82346	区块链记事本	江西财经大学	潘佳豪	陈爱国
100	82402	面向农产品滞销信息的网络舆情智能监测平台	浙江农林大学	徐遄达、侯志康、陈荣	徐达宇
101	82464	社团家	浙大城市学院	黄科烨、黄驿涵、王靖平	朱勇、李甜
102	82585	环境监测分析平台	河南大学濮阳工学院	薛皓文、段梦婷、曹银艳	吕定辉
103	82974	群密：基于组合密码方案的文件交换系统	杭州师范大学	贝铱铭、成湛勋	王圣宝
104	83093	学工管理系统	嘉兴学院南湖学院	周澳回、章驰、何蓉蓉	张寅昊、谢莉萍
105	83798	转播台机房安全管控和媒体流发布语音交互对接应用系统	浙江传媒学院	秦荣、杨思佳、郑文杭	李金龙
106	84098	基于 WebGL 的胰腺三维病例库	福州大学	刘宇芳、王灿、庄逸煊	陈纾
107	84398	iEnglish	南昌航空大学	李思杰、张益铭	张英
108	84489	众包服务管理系统	湖州师范学院	王勇凯、顾铮耀、朱紫红	沈张果
109	84513	恋字	重庆大学	董学竹、王莎	刘慧君
110	84514	智慧屋	重庆大学	蒋博文、郭彦汝、何金媚	刘慧君
111	84561	基于热敏传感的安全识别及预警系统	中国石油大学（北京）克拉玛依校区	任宪伟、陈广硕、张洁英	李国和
112	84563	基于深度学习的智慧心理测评系统	中国石油大学（北京）克拉玛依校区	马玉寅、钱东升、张荣超	徐佳军、张骏温
113	84884	垃回家——基于深度学习的智能分类回收平台，助力绿色环保生活	江西师范大学	李民钊、周茜、陈培根	刘金
114	84945	高校竞赛管理系统	郑州西亚斯学院	张笑云、张文斌、韩婷婷	周喜平
115	85077	绿源	河北大学	蒋若辉、陈浩	王思乐、罗文劼
116	85225	智慧校园门禁与访客系统	重庆科技学院	胡欣、贺石骞、白锟龙	李忠、游明英
117	85277	数字化校园综合服务信息平台	河南大学	王凯明、谢文旭、黄济棠	谢苑

序号	作品编号	作品名称	参赛学校	作者	指导教师
118	85331	基于以太坊的区块链人才信息平台	重庆工程学院	杨林、黄淞仪、徐可欣	刘阳、彭娟
119	85768	"悦读ECUT"微信小程序	东华理工大学	杨志豪、刘程伟、徐固	黄建仁
120	85929	数字电路虚拟仿真实验软件	福建技术师范学院	叶挺杰、赵思凯	马碧芳、郭永宁
121	86086	微泛——企业合同审核管理系统	浙江科技学院	朱润锴、沈梦婷、梁娅勤	岑跃峰、岑岗
122	86268	智慧环保督办平台	郑州西亚斯学院	宰旭东、张麒麟、何粤涛	周喜平
123	86294	"智慧司法"——政汇帮	华东政法大学	巨子轩、叶林隽、康鑫	刘琴
124	86714	棋盘压缩树（CCTree）	南阳师范学院	黄伟龙、龚泓宇	马翮翮
125	86764	MyMurQQ机器人	华北水利水电大学	朱祚、昭佳宁、樊锦华	王合闯、张帆
126	86816	一站式智慧校园平台	上海第二工业大学	梁宇哲、吴仁亮、吴仕广	潘海兰、陈建
127	86958	爱心驿站——点对点帮扶	德州学院	李晗、冉维龙、封宇	赵丽敏
128	87548	Web API Test System	上海开放大学	周红彬	曹俊捷
129	87779	渭南师范学院学业预警系统	渭南师范学院	韩坤、陈泽、安嘉豪	何小虎、同晓荣
130	87809	青藏科考APP	青海师范大学	谢云川、包慧荣、何鑫	耿生玲
131	87810	藏文打字练习软件	青海师范大学	昂旺闹布、力本加、多杰尖措	才让卓玛
132	87888	My School——校园服务平台	延安大学	李一珂、李征、李卫超	李竹林
133	87912	AR海洋趣味科普	上海海洋大学	徐赫洋、史经伟	袁红春、杨蒙召
134	87918	基于人脸识别的考勤系统的设计与实现	上海商学院	袁茹男	刘富强、沈军彩
135	87919	国土空间规划监测系统	上海商学院	许子秋、尹霆玮	李智敏、许洪云
136	88044	集智校园	西安电子科技大学	尹博文、刘晓宇、陈黄威	李隐峰、田春娜
137	88046	智慧职道——大学生职业路线智能规划平台	上海理工大学	马林谦、杨培威	李锐
138	88057	独居客2.0	上海海事大学	李钰林、付家栋、贾世正	李吉彬、宋安军
139	88067	A+在线教育平台	东华大学	张加、郭亦铭、任楚潼	姚砺
140	88113	"Go党建"红色文化综合服务平台	上海大学	魏徐峻、陈艺元、吴帆	高洪皓、方昱春

序号	作品编号	作品名称	参赛学校	作者	指导教师
141	88114	奔跑吧——全国高校晨跑解决方案	上海大学	杨磊、邓泽远、林申	沈俊、方昱春
142	88118	我爱古诗词	上海电力大学	高馨怡、李培雯、韦文发	周平、张超
143	88152	智能消防设备监控预警平台	梧州学院	莫智帆、农建政、冯天华	李翙
144	88291	多维课程评价系统设计与实现	华东理工大学	张耀文、徐晋、宋雨秋	虞慧群、范贵生
145	88308	基于 Django 的高中智能辅助教学系统	华东理工大学	贾文凡、凌嘉骏	文欣秀、虞慧群
146	88368	防骗助手	上海财经大学	陈宇航、赵俊皓、罗琪	韩冬梅
147	88387	I 动物	上海电机学院	王訾杰、袁露、宋益盛	覃海焕
148	88407	PicGo 图旅	电子科技大学	王省、马世豪、陶籽旭	于永斌
149	88409	TEDStore——可控的安全低成本云存储未来	电子科技大学	梁嘉城、魏国立、郭昱	李经纬
150	88417	助农小橘网站	四川工商学院	张小荣、毛小鹏、罗昱晟	王敏、陈倩
151	88419	基于人工智能的智慧校园助手	成都工业学院	龙灵、钟小泱、郑鹏	梁艳、张微
152	88482	识药星	西南民族大学	何欣、黄煜鹏、李天朔	杨丽
153	88489	石油智链	西南石油大学	何孟桥、、杨勇	陈雁、钟原
154	88503	基于自定义工作流引擎的比赛项目申报系统	四川轻化工大学	余伟、杨过、滕炊兵	王飞
155	88525	Aimoji——基于人工智能的趣味图像处理	四川大学	尹航、苏昌盛、王艺瑾	王鹏
156	88540	基于 RTIN 算法和 DirectX 技术的 3D 地形呈现	四川师范大学	曹正鑫、李其芳、赵勇臣	徐勇
157	88541	火焰云视	四川师范大学	贾曦	林建、李大可
158	88587	影城管理系统	东北电力大学	赵利昂	王敬东
159	88658	基于知识图谱的计算机领域岗位胜任力搜索系统	吉林大学	蒋勇正、易子婧、闫禹博	徐昊
160	88777	我的旅行人格——旅游个性化推荐系统	西南财经大学	肖姝萌、王杨、丁紫秋	谢志龙
161	88890	基于碳积分的地铁 APP 多功能拓展系统	西南交通大学	程宇辉、胡亚东、梁明皓	龙治国

12.3.13　2020 年中国大学计算机设计大赛数媒游戏与交互设计一等奖

序号	作品编号	作品名称	参赛学校	作者	指导教师
1	69938	走近丹顶鹤	南京医科大学	谷越、冯雨萱、宋昱颖、王一、赵冠杰	丁贵鹏、胡晓雯
2	77073	皮影 Fun——弘扬皮影文化，让皮影文化重回大众视野	山西大学	杨瑞玲、李雪、郭永强、张佳男、施语欣	高嘉伟
3	79185	鸟渡：密林行者	燕山大学	马宇飞、杨能、李昂、余世超、林绍望	余扬、尤殿龙
4	82959	回归的记忆	杭州师范大学	叶露、许金涛、赵溢凡	徐光涛
5	82963	寻路	杭州师范大学	金泽鹏、叶瑶欣、施博彦、卢陈	袁庆曙
6	87993	中华礼仪教育交互学习系统	华东师范大学	程佳敏、陈真源、周子皓	鲁力立
7	88084	唐风胡韵西市行	东华大学	陈妍妍	张红军

12.3.14　2020 年中国大学计算机设计大赛数媒游戏与交互设计二等奖

序号	作品编号	作品名称	参赛学校	作者	指导教师
1	68694	归巢	大连海事大学	陈晖、李大庆、史玉鹏	朱斌
2	68899	印象·四合	南京大学金陵学院	袁子雯、周澄、许露露	常宇峰
3	69128	山林的呼唤	辽宁师范大学	郭夏萌、陈锋、丁悦茗、田丰源	刘丹
4	69607	飞焰星雨	南京理工大学	任亚聪、赵鹏、赵宇心	马勇
5	69680	候鸟的奇妙冒险	广东工业大学	吴永力、何家浩、郭润东、李慧婷	谢光强、钟怡
6	70280	鹦鹉识别	南京森林警察学院	夏凡、李静、陈薇、范英轩、姚佳蓉	刘昌景、邱明月
7	71135	尘网	中国政法大学	江潇筠、杨若璇、宋天予	郑宝昆、李丹丹
8	72534	鸟语之汀	武汉理工大学	彭洋、徐玉丹、汪孟杰、穆逸诚	姚寒冰
9	73617	影之魂	北京交通大学	申淳元、王磊、刘宇帆	赵宏
10	74879	别让它灭绝	华中科技大学	赵行健、陈康立	刘毅
11	76375	Get 小知识	大连东软信息学院	栾成、刘怡萱	李婷婷、刘石
12	77019	楚丝遗韵	华中师范大学	刘念、陶睿涵、陈婉清	许静芳
13	77021	丝路宝藏	华中师范大学	姚祉含、张雅萱、曹正英	喻莹
14	77040	云游四方	阳光学院	郑紫洁、叶立恒、郑怀宇、林子晗、邓增国	罗成立、达新宇
15	77918	小鸟快跑	辽宁石油化工大学	李政霖、兴有、王玉玲	李志武、苏金芝
16	79765	药灵契约	安徽中医药大学	盖灵菲	汪庆、马春
17	80014	燕鸥的一生	陆军炮兵防空兵学院	王林声、薛自强、赵雅宇	吕永强、方星星

序号	作品编号	作品名称	参赛学校	作者	指导教师
18	80092	皮影霸王别姬	安徽农业大学	彭蜀皖	李方东、胡哲
19	81051	那天我遇见了企鹅	新疆师范大学	刘宇翔、王炳泽、崔毅、邓永杰、金美慧	李海芳
20	81443	SaveBirds	安徽工程大学	申嘉炜、彭德玲、佘德劲	刘三民、赵森严
21	82961	探鸟秘籍	杭州师范大学	钱泽宇、黄林盼、王怡慧、潘柔烨、董萧文	孙晓燕、项洁
22	83152	白纸黑字，文化诠释	玉溪师范学院	孔诗语、张德毅	刘海艳、陆映峰
23	84550	寻鸟之旅	重庆大学	蒋博文、何金媚、黎洪宇、罗雨晴、宋淼荟	刘慧君
24	84910	红妆	新乡学院	田航玮、张夏祎、齐珂欣	朱楠、胡鹏飞
25	84963	执伞传情记	新乡学院	崔芳远、黄德治、刘俊华	朱楠、胡鹏飞
26	85283	跨越千年的鸟鸣	湖州师范学院	田彭、曹萍	王继东、胡水星
27	87692	诗词幻境	平顶山学院	徐豪强、梁泽昕、高宇	徐丽敏、彭伟国
28	87797	隋唐筑韵	陇东学院	袁潇锐、王明杰、叶龙臻	杨旭光、门瑞
29	87811	青海少数民族刺绣素材三维建模与交互设计虚拟展示系统	青海师范大学	杨森、李昊楠	张效娟
30	87905	微藏乾坤，雕刻匠心	上海对外经贸大学	李菁哲、李雨佳、徐家利	顾振宇
31	87906	红木匠心	上海对外经贸大学	徐颖、陈郁欣	顾振宇
32	87920	布依蓝染	上海商学院	王涣然、张雨璇	李智敏、邴璐
33	88083	我在古代追文物	东华大学	张心悦、徐樾	张红军
34	88085	我在那里修瓷器	东华大学	张慧琳、杨洪、余烨珊	张红军
35	88365	漫游鸟肚	广西师范大学	梁文璐、唐艳灵	朱艺华、汪颖
36	88411	小小森林	电子科技大学	蔡正坤、赖廷俊	张萌洁
37	88515	Nico	四川文理学院	文丹、王晨、郑永杰	王海燕、刘笃晋

12.3.15　2020年中国大学计算机设计大赛数媒游戏与交互设计专业组一等奖

序号	作品编号	作品名称	参赛学校	作者	指导教师
1	70709	交互鼓乐俑——穿越时空的鼓瑟吹笙	大连工业大学	李天淼、崔昊男、南俊	杨艺、张渊
2	70903	小鸟救助站	福州大学厦门工艺美术学院	苏慧敏、罗旭颖、尚慧颖、郑京华	何俊、宋晓毅
3	72231	北地之鸟	北京语言大学	田欣哲、王雨晨、王子君	张习文

序号	作品编号	作品名称	参赛学校	作者	指导教师
4	72409	傀影随行	海南热带海洋学院	祝安磊、谢磊、顾潇丹、刘兴	杜红燕、田兴彦
5	73414	VR 候鸟保护科普游戏	广州大学	吴永旭、赖新颖、郑柯柯	刘洁、龙晓莉
6	74226	鸟未绝	北京工业大学	张羽、刘欣怡、康安妮、李昀洲	李颖、万巧慧
7	74898	京绎	北京林业大学	张潇涵、许双逸、杨子懿	董瑀强
8	78668	楚布遗韵——阳新布贴虚拟交互展示系统	湖北理工学院	刘子宁、程继晓、邱婷	胡伶俐
9	79187	森之轻语	燕山大学	林靖翔、张玉成、张鑫、张月萌	文冬
10	83929	天启鸟记	浙江传媒学院	赵凯飞、夏玉婷、何可心	李铉鑫、张帆

12.3.16 2020 年中国大学计算机设计大赛数媒游戏与交互设计专业组二等奖

序号	作品编号	作品名称	参赛学校	作者	指导教师
1	68717	南国梦远——那一场风花雪月的事	盐城工学院	宣景然、唐伟强	李勇、姚爱华
2	68736	敦煌 112 窟天宫 3D 场景交互设计	南京工业大学	周亦杨、赵玉、朱黎、朱开业、邱雨萱	吴捷、杨思琦
3	68969	阿福的诞生	江苏大学	平静、沈晴、陆佳怡	崔晋
4	69051	飞鸟重生馆	广东药科大学	陈志聪、王子鑫、林荣星	张琦、陈思
5	69503	合鸣	东南大学	王心怡、李浩然、孙稚婷、高婉婷、崔建章	郑德东、许继峰
6	69700	拯救 Dodo	江南大学	冯一诚、陈辉、陈露、卓子晴、罗晓晴	章立、盛歆漪
7	70156	羽集	常州大学	刘璇、赵婷、王心怡	徐子懿、顾峰豪
8	70707	漫卷云游诗画洞——中华诗意动画交互设计	大连工业大学	王文治、王嘉璐、秦浩轩、曾若瑜	单鹏、张渊
9	70767	逐风——鸟类图鉴 APP 交互设计	厦门华厦学院	王鑫鑫、陈嘉伟、蒋欣睿、魏信昌、李琬婷	林舜美
10	71430	大运河	南京艺术学院	张茜	童芳
11	71530	在路上	苏州大学	左文灏、石心、张滢鑫、曾依琪、王子千	钱毅湘、黄珑
12	71555	凤凰衔书	厦门大学	黄天豪、王裕佳、梁永红、熊天旸	佘莹莹

序号	作品编号	作品名称	参赛学校	作者	指导教师
13	71583	伴你高飞	北京工业大学	席陆晨、刘钦业	吴伟和
14	72226	候鸟	北京语言大学	张菁、王蕾蕾、柯彩钰、谢佳芩	刘颖滨
15	72265	候鸟·归途	南京邮电大学	周凡颖、赵裕芬、谈文尧、邓淇文	刘思江
16	72289	"梨园时光"交互电子书	南京邮电大学	汤倩雯、林东煌、杨文旋、汪晨、舒瑜	张刚要、肖婉
17	72537	冬羽	武汉理工大学	詹蓓灵、时之雨、詹卓儒、师境旻	周艳
18	72538	比翼·共生	武汉理工大学	冯逸飞、曹思静、相雨寒、徐雨晴、王雨辰	罗颖、徐进波
19	72574	眷羽知还	广州大学华软软件学院	王耀凯、林焕材、张希源、洪依妮、陈鑫	陈婉羚、徐遥鹏
20	72623	戏游雨花	三江学院	魏京京、刘璐、方智强	杨川
21	74096	曾侯乙编钟文化普及游戏	湖北工业大学	李远航、陈静仪、邓雪莹、杜林玉	欧阳勇、林姗
22	74832	辽风——辽宁非遗民间故事应用软件设计	沈阳航空航天大学	吴雪榕、张瑜、覃启涛	张宁宁
23	75047	云中道行	太原理工大学	陈晨、职滢、赵亚亚	常林梅、张贵明
24	75072	一起守护濒危鸟吧	广州工商学院	温柔柔、苏伟玉、杨晓辉	刘萤、刘红英
25	75301	京剧脸谱	中华女子学院	黄琢茜、孙艺雯、朱羽佳、王慧文	王鹤群、李岩
26	75800	鸟与森林	三峡大学	魏军、夏博	王俊英
27	76308	飞鸟时速	湖北经济学院	刁泊阳、杨雨欣	陈婕、邱月
28	76477	火树银花	武汉传媒学院	唐苏珍、黄芷妍、干睿雪、冯越	刘颖、胡卓君
29	76686	PASSENGER	华中师范大学	卢鸧、曹阿米、李瑞宁	王翔
30	76883	鸟飞无遗迹	阳光学院	林舒圆、刘诗瑶、吴宇婕、张婧颖	张正柱
31	78093	Polly with Me	重庆理工大学	梁华潭、刘泽宇、崔一鼎、李雨茹	南海、李牧阳
32	78546	鸟集麟萃主题公园	辽宁科技学院	杨素茂、贾淞、薛慧格	杨欣
33	78733	咕咕森林	湖北理工学院	潘莹、孙金慧	张玥
34	78830	巢——鸟类自然博物馆	湖北工业大学	陆之宇、肖洁茜、李璐婷、黄缘、宋秀芳	刘涛、李平

序号	作品编号	作品名称	参赛学校	作者	指导教师
35	79058	无翼之臣	大连艺术学院	南健、徐瑞雪、杨柳虹、章东、许辉	李茜、毕文
36	80772	溯羽	安徽大学	宗曹佳、焦雨辰、李清晨	徐红、吴磊
37	81379	豆腐的前世今生	安徽建筑大学	贺佳、王禹喆、朱嘉欣、朱海青、胡汉钦	王新、雷媛
38	82565	羽益	武汉工程大学	陈洁怡、邓雨涵、郑新月	葛菲
39	82737	传统戏剧文化展示系统	安庆师范大学	王鹏林、贾玫卿、汪超、杨笑笑、高龙飞	施赵媛、王广军
40	82782	守护计划	安徽信息工程学院	盛琳、潘脂胭、王东梅、刘美丽、侯明萱	段俐敏、薛遥
41	83710	白日梦	厦门理工学院	郑易琛、姚丹擎	张伊扬、郑思红
42	85509	护林人	山东大学（威海）	王炳人、陈娅雯、余海瑶、卓晓玲、高奥	王春鹏、曲美霞
43	85589	豫见年画	安阳师范学院	张钰婕、沈慧平	黄俊继、郝莎莎
44	87994	亭说	华东师范大学	孙缘缘、简舒怡、徐菡	李建芳
45	88048	盼跌化境——基于Unity3D的交互媒体设计	西安电子科技大学	陈可鑫、高菲、盛方明	杨西惠、张爱梅
46	88049	鹤归	西安电子科技大学	张豆豆、李帅胜、赵欣瑜	张爱梅、刘小院
47	88170	茶香源远长	梧州学院	袁浩竣、周志杰、梁建伟、莫金宇、蒋姗姗	黄筱佟、郭慧
48	88171	梦回盛唐	梧州学院	郑佳凤、谢婷婷、梅明羽、陆红艳、周菊	黄筱佟、杨秋慧
49	88220	男孩与鸟	桂林电子科技大学	黄伟峰、茹崇峻、韦富元、杨禄仙	刘俊景
50	88309	中华文化焕发时代光彩	桂林航天工业学院	谭潇旸、蒋励勤	穆振海、蒋莉珍
51	88400	寄百鸟于自然——Birds' World	电子科技大学	张浚逸、陈淮飞、钟靖宇、何佳威、吴沂隆	何中海
52	88845	鸟类休养院	北华大学	高健、熊玉婷、刘超颖	庞钦存、葛岩
53	89024	VR国学交互教育系列之黄鹤楼送孟浩然之广陵	吉林动画学院	张晓玉、殷陈雪、袁铭	贾骋、毛丰

12.3.17　2020年中国大学计算机设计大赛数媒中华优秀民族文化元素一等奖

序号	作品编号	作品名称	参赛学校	作者	指导教师
1	69933	拾遗	南京医科大学	唐依宁、孙汉垚、徐芊昊	胡晓雯、刘潋
2	76584	一团"盒器"——中国传统榫卯便携文房套装	沈阳理工大学	寇婉婷	刘娜
3	76916	北宋元宵之手工艺品荟萃	华中师范大学	齐可意、杨诗涵	王翔
4	78038	妙手霓裳 盛世黄袍	东北大学	黄正栎、宗帅、覃作敏	李晓迪、霍楷
5	80027	壶中洞天——花园里的竹编艺术	安徽农业大学	陈卓灵、王质朴、张淑怡	李春涛、李若男
6	80630	"亳"览天下——文化香插设计	亳州学院	汪亚琴、顾叶凡、管思雨	赵龙、王博文
7	84405	紫禁 X	天津农学院	刘光顺、乔京晋	郭世懿、郭瑞军
8	87819	蔚蓝国艺	解放军空军工程大学	张新月、王盼盼	赵永梅、拓明福

12.3.18　2020年中国大学计算机设计大赛数媒中华优秀民族文化元素二等奖

序号	作品编号	作品名称	参赛学校	作者	指导教师
1	68636	云锦——锦织明韵	大连海事大学	王通烁、邱昕宇、马小然	宋先忠
2	68642	城文	大连海事大学	周琳琨、付膑弘	陈颖
3	68649	翰林书香苑	大连海事大学	刘耐彤、何美霖、葛菲	胡青
4	69130	瓷·肆	广东医科大学	陈旻悦、简玮	周珂、何文广
5	70526	汉韵	沈阳农业大学	李上	苏畅、侯阳
6	70965	青砖黛瓦，竹韵庭院	盐城师范学院	王婷、李许龙、何淼	徐春明、顾正兰
7	71132	构宇结缨瑶，件枚络霓霄——古建筑构件之美	中国政法大学	葛思彤、赵铭、武慧颖	郭梅、周果
8	71238	国风桌面暖风机	沈阳城市学院	田玲、吴致民、刘可鑫	杨征、于硕
9	71603	千古技艺颂京华	北京科技大学	吴焜、范宇彤、吕佳宜	屈微、武航星
10	71969	戏曲版十二生肖	湖北中医药大学	刘桂静	胡芳
11	72211	山洼物语	北京语言大学	陈姝宇、林拉拉、马玉萍	刘小庸
12	72973	五岳	中国地质大学（北京）	张若琪、王卿欣、胡宇博	孙大为
13	73045	古琴之韵	广东外语外贸大学	卢懿颖、张依	黄伟波
14	73717	兔爷新意之传统节日中的兔爷	中央民族大学	初凡琪、李谦云、吕安迪	赵洪帅
15	75281	年画祈福——火神山的记忆	北京体育大学	李芳馨、吴小乐、尹晨灵	曹宇
16	76262	中国文化创意产品空间设计	辽东学院	周芷彤、杨馨瑶	姜鸿
17	76354	苗纹·错画	华中师范大学	王蕊、石越文、丁双婷	王翔、黄磊

序号	作品编号	作品名称	参赛学校	作者	指导教师
18	76398	织与制	中北大学	马天成、张泽楷、张慧毅	张奋飞
19	77299	"宫"——消毒净化器	沈阳工学院	李耀、闵铉昊、朱康健	蔡学静、崔永刚
20	78037	琼楼	东北大学	姜铭宇、郝日、王晓艳	李晓迪
21	78476	儒韵	武汉科技大学城市学院	周思瑜、陈兴奥、朱玉明	周冰、邓娟
22	78499	中华古建卷	辽宁科技学院	宋青山、齐鹏、吴彤	卢志鹏、朱志恩
23	78659	"器"水长流	湖北文理学院	李冰、王钏、周思绮	张臣文
24	79551	栖语	安徽建筑大学	肖俊鑫、孙佳俐	邓静、方绍正
25	79702	南宋风华	滁州学院	刘志蕊、周奕凡	刘竞遥、任倩
26	80024	履道坊的前世今生——利用现代大数据技术对履道坊宅园进行恢复	安徽农业大学	薛安安、徐玉娴、聂新妍	李春涛、徐玉品
27	80300	当云南少数民族特色遇上直播购物	云南财经大学	张文、苗玉薪、马博怡	王元亮、李莉平
28	81259	铜铸滇魂	曲靖师范学院	徐微	吕琼
29	82318	节气徽州	合肥工业大学（宣城校区）	李思成、朱智杰、赵志鹏	冷金麟、娄彦山
30	84831	有诗云裳	中国人民解放军海军航空大学	邓焱磊、曹坤、马冰韬	赵媛、王萌
31	85125	消失的古村落	河北大学	舒玉、曲志杰、陈佳璐	
32	86739	豫见河南	河南师范大学	许力戈、于鑫泉、刘天琪	刘栋
33	86886	山经五行	武警后勤学院	王赟、陈潇雅、郭博凯	程慧、霍柄良
34	87208	"雩嘟嘟"红色文创系列作品	赣南师范大学	陈小燕、刘志成、李梦斯	管立新、钟琦
35	87500	皮影意韵	河南科技学院	秦晓青	张丽莉、胡萍
36	87740	中草药植物系列圆扇设计	西北大学	路紫颖	刘阳洋
37	87791	土家文化传承	西安培华学院	陶艳芳、刘朝霞、唐一	黄玉蕾、林青
38	87864	鼠年送福	武警工程大学	龚方圆、杨雨凡	付彦丽
39	87865	中国传统文化——京剧插画创作和设计	武警工程大学	王永攀、宋仕龙、赵嘉伟	钮可、石林
40	87909	敦煌印象	上海对外经贸大学	庞嵘龄、王皓玥	顾振宇
41	87951	可拆解式"C形龙"灯设计	西北农林科技大学	吴昊庭、房乾光、陈红丽	李卫忠
42	88359	真武阁产品设计	广西师范大学	李华珍、杨琳	朱艺华、李玉华
43	88646	印象·川味	成都中医药大学	王雪颖、黄宇、彭文静	郭芋伶、张晓彤
44	89025	镂金作胜，剪彩为人	吉林化工学院	贺佳惠、张雪、郭兆来	邢雪、李双远

序号	作品编号	作品名称	参赛学校	作者	指导教师
1	68958	运河城载	江苏大学	陈心田、包琦、段薇薇	朱喆、戴虹
2	68960	结庐梦溪——《梦溪笔谈》科学与人文精神主题空间设计	江苏大学	张宇涵、季柏良、黄政祺	韩荣、李莎
3	70968	《我的一天》——花篮瑶儿童交互书	北京服装学院	刘子珊、黄宝欣、王玉洁	熊红云
4	72566	茶叶蛋——TD	广州大学华软软件学院	李春良、黄锦滢	韩丽红、杜兆勇
5	72849	皖江之阴，青山之阳；青阳有腔，放遇一欢	华中科技大学	柯小芬、王泠然	张露、王朝霞
6	76600	影——中国徽派建筑书法文创产品设计	沈阳理工大学	赵迎、王伟业、张丽桐	刘娜、关涛
7	78805	九一园	湖北工业大学	马宇骁、柳梦旭、杨玲	李映彤
8	80745	印鉴中国味	安徽大学	王馨瑶、刘菲、徐雨欣	岳山
9	82348	"苗"趣横生——湘黔边区苗族传统图纹创新设计	怀化学院	樊家欢、杜雪、徐亦婕	向颖晰、王玮莹
10	82432	思无邪——字体视觉形象设计	浙江农林大学	杨苗、刘倚含	方善用
11	83063	民族图腾创新及文创产品设计	浙江师范大学	贾晓炜、刘淑娟	张依婷
12	83175	南诏古国	曲靖师范学院	卢杜娟、张宁	包娜
13	83179	东方物语	曲靖师范学院	李秋婷、夏婷	包娜
14	83257	二十四节气民俗农民画	池州学院	丁文倩、刘蝶	徐玉婷、舒鹏飞
15	85717	元夕庆	青岛大学	秦月宾	任雪玲
16	87588	城市记忆——上海黑石公寓室内设计	天津大学	杜建星	赵伟、宋佳音
17	87743	国宝风华录	西北大学	东楚楚、杨敏	温雅、尹夏清
18	88353	云南神话传说"孔雀公主"系列插画与衍生文创	广西师范大学	程子妍、覃丽莎	易永芳
19	88559	基于AR技术的非遗文化传承——"百味人生"太平猴魁品牌茶包装设计	四川师范大学	王健	张军

12.3.20 2020年中国大学计算机设计大赛数媒中华优秀民族文化元素（专业组）二等奖

序号	作品编号	作品名称	参赛学校	作者	指导教师
1	68882	印海	江苏海洋大学	刘欣、崔翰林、高雨轩	王栋、杨清
2	69088	苗族服饰元素与现代变通	华南师范大学	蒋沂涵、林卓妍、张慧辰	梁政、李桂英
3	69485	《民族之裳》系列服饰文化插画	东南大学	程宇琛	
4	69674	苏市巷语	常熟理工学院	张韫、吴训建、韩技云	王天赋、马建梅
5	69704	凉风有信	江南大学	陈佳佩、张立一	陈晨

序号	作品编号	作品名称	参赛学校	作者	指导教师
6	69705	古韵义乌	江南大学	幸冰心、刘源、苏雨莲	李振宇
7	69707	民香	江南大学	蔡雪岩、鄢祺丹、李俊姗	梁若愚
8	70054	龙行天下·九子之歌	华侨大学	武若晖、武扬博、邢玮	萧宗志
9	70716	端午日·龙舟情	大连工业大学	徐加文、任君杰	沈诗林、王庆
10	70721	瀹茗闲轩——茶脉美学体验馆	大连工业大学	曲文慧、常玉婷、刘冰冰	宋桢
11	71212	华夏胜迹	大连海洋大学	范晴晴、崔艳柳、杜慧澜	高旗
12	71338	戏曲·生肖	辽宁师范大学	陈程程	鲍艳宇、范世斌
13	71398	山不厌高——晋韵系列家具设计	山西农业大学信息学院	宋雨婷、薛瑞娜	孙琪、盛卓立
14	71769	民族印象	沈阳体育学院	朱悦莹、李富裕、袁琪	周锐、孙立名
15	71816	山海经之妖怪插画	扬州大学广陵学院	朱东梅、陈秀南、谈柯言	曹明哲、刘慧
16	71818	印象红楼	扬州大学广陵学院	葛禹、董婉秋	赵欣一、崔威
17	72284	常州梳篦——金陵十二钗	南京邮电大学	王佳乐、孙思雯、孙琼	王琪、余洋
18	72287	大同大不同	北京语言大学	于舒洋	解焱陆
19	72563	瑰宝传承	广州大学华软软件学院	林诗晓、张健萍	张欣
20	72565	暖疫盈怀	广州大学华软软件学院	吴鋆、钟婉莹、胡宁	陈艳丽、曹帅
21	72618	传城——南京明城墙视觉形象设计	三江学院	邓欣悦、刘倩、骆佳慧	陈田
22	72619	"栖华"——秦淮灯会非遗品牌视觉文创	三江学院	张莉、王玥、张康	顾石秋
23	72800	敦煌·梵音	华中科技大学	丁子洁、张倩萌	朱志娟
24	73139	满纹回潮	沈阳师范大学	葛舒逸、李怡、张思哲	宋倬、赵岩
25	73686	"逸龙"文化蓝牙耳机	沈阳化工大学	孔令东、王德月、姬天浩	李霞、佟建
26	73855	潮州文化	广东科技学院	郑郁琪、郑晓丽、张清杰	魏静颖、钟咏冰
27	74002	海错奇遇·共生	太原理工大学现代科技学院	郝宇洁、梁晶星	高阿普
28	74202	北京顺义乡村环境改造设计	北京城市学院	顾海涛、刘阳、孙灵淳	韩聪
29	75078	敦煌·印象	广州工商学院	刘家儿	李散散、周栋涎
30	75447	故宫文创之盛京器韵	沈阳城市学院	宋德嘉、马芯蕊、王尚宏	李野
31	75504	华年	运城学院	谢静、裴丽娜、张颖	郝斐斐
32	75596	南国睇戏粤剧生活馆	华南农业大学珠江学院	丘斯悦、马伊嵩	刘颖、李德
33	75634	山海经——儿童益智拼插类积木玩具设计	大连科技学院	周月娇、陈美音、李丹	姜美、徐文佳
34	75654	民族的未来风格（Ethnic Futurestyle)	北京师范大学珠海分校	谭然、庄健	李玫

91

序号	作品编号	作品名称	参赛学校	作者	指导教师
35	75903	暮云碧	山西大同大学	覃姣艳、曹渊、赵梓诺	王丽
36	76127	中国文字博物馆——汉字造型衍生文创产品设计	中北大学	赵雪静	温非
37	76414	云冈时刻	大连东软信息学院	张雨薇	林茹、李想
38	76460	"闽布虚传"布袋戏文创品牌推广设计	武汉传媒学院	沈东杰	张旭
39	76461	福气小傩宝动态表情包设计	武汉传媒学院	张玥、李浪帆、赵嘉仪	张旭
40	76602	国艺·榫卯移动电源设计	沈阳理工大学	潘超、刘小雨、常江	刘娜、关涛
41	76605	"我的族我的服"民族娃娃	沈阳理工大学	马佳聪、李溪泷、赵宁	陈峰、王成玥
42	76869	擢擢当轩竹	江西师范大学	刘艳、王鑫宇、彭光明	廖云燕、刘开源
43	76902	泉州"风狮爷"IP形象设计及衍生品的应用研究	阳光学院	郑若琳、唐雅倩	吴冬原
44	77311	狮舞悦童教育机器人	沈阳工学院	傅方正、孟祥宸、平铖浩	蔡学静、教传艳
45	77516	"言九鼎"文创设计	山西大学商务学院	郭泽彬、琚松志、刘彬栋	师彦青
46	77524	地域文化与生态景观相结合的酒店餐厅设计——以福州三迪希尔顿酒店为例	阳光学院	李映、徐泽丽	吴冬原
47	78039	壶盈乾坤	东北大学	白恒宇、丁宣萱	霍楷、谷会敏
48	78040	三国秘境	东北大学	杨雨霏、石子晗、王石	陈晓敏、李超
49	78041	京旦吟梦	东北大学	张可欣、张雅儒、赵婧雯	霍楷、张扬
50	78557	面面俱到	龙岩学院	林佳音、林梦婷	刘铭
51	78629	闲情独寄——中华非遗的竹雕书籍	江西师范大学	董文高、宁梦芹、淦莉洛	龚俊、聂琰
52	78787	苗情万种	湖北理工学院	杨童	钟文隽
53	78791	十二生肖	湖北理工学院	杨明	钟文隽
54	78910	苏福	武汉大学	蔡紫蕊、段琛	黄敏、管家庆
55	79050	乐埙——香薰音响结合设计	大连交通大学	陈俊龙、代宏洲	单阳
56	79051	沈阳故宫文化茶具	大连交通大学	谭伟、胡吉、蒋政翰	邹雅琢
57	79078	"我同你講"闽南语文化创意设计	闽江学院	张云萍	陈捷
58	79191	活水渔村	燕山大学	高天、罗文清	桑懿
59	79418	墨不修	武汉工程大学	轩宁静、刘森铜、沈雨珂	王雅溪、方晖
60	79422	禅说当下	武汉工程大学	陈姝宁	葛菲
61	79522	合和而生	湖北美术学院	许彬、蒙怡菲	王诚
62	79793	鼓起凤鸣	滁州学院	吴国强、张子怡、张乾鹏	甘翔、张悦
63	79797	洄锦充电桩	滁州学院	黄梦麟、窦梦桐、朱芮	吴玉、左铁峰
64	80035	"徽膳坊"系列土特产品设计及其推广	黄山学院	漆雯静、马文璐	李春燕、田吉

序号	作品编号	作品名称	参赛学校	作者	指导教师
65	80045	基于徽文化保护及传承的篁墩文化展示馆设计	黄山学院	刘蓉	耿佃梅
66	80146	五禽戏之古趣	安徽大学江淮学院	朱婉玉、高颖、陈靖	闻佳、徐阳
67	80150	潮汕文化观光园	安徽大学江淮学院	邵琦、柴学、刘玉柳	吴向葵
68	80385	禹本纪	巢湖学院	卢钰、刘施林、谈雄	王晓晖、陈友祥
69	80635	狮头街"剑"	厦门理工学院	姚兴源、施佳桐、冯铭婧	张伊扬
70	80706	云·山·茶·东方映像	安徽建筑大学	闫绍煜、刘同强、潘智强	张明明、贾伟
71	80922	花生与花生仁——中国传统家具与现代技术的结合	安徽大学	信郁婷	邓卫华
72	81826	东关·岗城共生——基于"城市记忆"的大连东关街历史地段活化再生	大连交通大学	林寅含、胡怿宁、周宇翔	隋晓莹
73	82431	锦上人家	浙江农林大学	郑幸、欧家鹏、黄争辉	汪和生
74	82877	土生土长——传统夯土营造文化传承馆	昆明理工大学	屈永博、张鹏跃、马健雄	何俊萍、陈榕
75	82897	冠之烛——现代民族灯具设计	浙江师范大学	支振豪、王翌恺	张依婷、杨正元
76	83062	一饮一琢——基于少数民族饮茶文化建立的少数民族茶包装设计	浙江师范大学	牛利雪、史叶瑶	张依婷
77	83270	厝内小神兽	福建农林大学	余洁薇、苏伟鹏、闫馨月	王倩、高博
78	83420	巍山民族服饰文化主题系列设计	云南艺术学院	刘小花	陈钧
79	83966	"代天巡狩"厦门送王船文化推广设计	台州学院	黄可悦、郑东隅、张跃晴	李志明
80	84262	勤读力耕，立己达人之袁州书院景观设计方案	宜春学院	万千千、彭琳、赖晓琴	周鲁萌、廖俊婕
81	84542	隙间茶室	重庆大学	危元昊	张培颖
82	84600	秘宝之里	福建师范大学	刘中香	李旭东、翁东翰
83	84773	"云舫翼桥"阿尔兹海默症患者康复居住环境设计	福州外语外贸学院	黄汉楠、蒋成维	高云
84	85013	千椒	重庆工程学院	蔡海燕、朱阿彤、郭仁童	于建辉、符繁荣
85	85017	方圆间，山水隔	重庆工程学院	张均、黄蒲缘、王纯	刘婧
86	85337	东京梦华 2020	河南大学	刘子逸、罗皓蓝	李佳琳
87	85364	春·俗	重庆工程学院	唐乐	刘婷
88	85528	云阶月地	浙江工商大学	徐晨、史伊颜	陈瑛、陈昊
89	85543	纸寿千年熠熠馨宣纸体验中心空间设计	福建江夏学院	崔雪婷	毛翔
90	85608	风华鉴	江西师范大学	曹晓霞、杨筱、吴双	王萍

序号	作品编号	作品名称	参赛学校	作者	指导教师
91	85712	云想衣裳花想容	青岛大学	张弼超	任雪玲
92	85720	卷上红楼	青岛大学	王子佼	马君弟
93	86221	海滨邹鲁·木雕造象	闽南理工学院	张清凤、何心怡、肖芸	韩雅勤、李超逸
94	86590	诏安"黄金兴"	福建工程学院	江南	陈锋
95	86696	话年	青岛农业大学	让一桥、张正伟、许皓	杜建伟
96	86921	食曲 文创筷设计	南昌工程学院	王荣泽、赵猛、付鑫辉	雷金娥、郑剑红
97	86971	筑福——让文化遗产活起来	浙江万里学院	梁柳燕、周静雯	杨文
98	87066	意韵敦煌	青岛农业大学	张格瑜、牛钧阳、李伊谨	杜建伟
99	87832	传统乐器系智能环保捕蚊灯	陕西理工大学	陈飞、赵梦圆、习朝阳	何勇
100	88294	"叁水吉"——老房民宿改造	桂林电子科技大学	王羽洁、王佳、黄红珍	龚丽妍
101	88511	朝代卡牌博物馆	乐山师范学院	陈珍妮	李兴成
102	88558	千年染旅——绞缬非遗技艺赋新服饰文创产品设计	四川师范大学	林鹏飞、韦凌文	钟玮
103	88688	半满书房	吉林大学	万凯莲、郝蕾	张舸、王宝义
104	88841	《滚滚》系列磁悬浮香炉设计	成都大学	罗怡维	马丽娃
105	88842	《般若》系列首饰设计	成都大学	汤颖	周霜菊
106	88933	朝族风情	北华大学	贾红丽、张丹琦、孙子晟	王丹、师晓丹
107	88982	怪园	东北师范大学人文学院	卢昊、安琦君、姜欢格	孙慧、李珊珊
108	88984	染香雅居	东北师范大学人文学院	姜悦、李红娜	魏秀卓、牟磊
109	89044	品五族，传文化	吉林工程技术师范学院	辛纹竹、段家琳、付锦溪	韩明阳、闫玉娟

12.3.21 2020 年中国大学计算机设计大赛数媒动漫与微电影一等奖

序号	作品编号	作品名称	参赛学校	作者	指导教师
1	69934	幽兰静绽 水磨传馨	南京医科大学	孙汉垚、姚晟昊、钱子凌、唐依宁、邓彧	施广楠、胡晓雯
2	69942	永春篾香	华侨大学	周子怡、张婷玉、谢雨竹	郭艳梅、黄志浩
3	71931	一个人的木偶戏	中央民族大学	杨昊、毛骏琦、蒙婷、李祥华、陈彦淋	卢勇
4	72370	古韵·新生——"毕兹卡"王朝的印记	中央民族大学	王哆、张崇敏	闫晓东
5	74923	一篆方寸间	北京语言大学	张晋、杨苏梅、王薪茹、陈佳昱、李子慧	玄铮
6	77488	禅林之美	湖北经济学院	程曦、韦君晴、石梓炫、李霖钰、李铭鸿	陈婕、王茜
7	79570	染续	云南财经大学	赵珺妍、唐情、段红辉	王元亮
8	82010	一座总督 半部清史	河北金融学院	成瑞祺、刘旭、黄啸鸣、王奕	曹莹、祁萌
9	82924	一盏不散的茶	杭州师范大学	邵睿敏、胡俊秀、胡梦荻	关伟

序号	作品编号	作品名称	参赛学校	作者	指导教师
10	83008	云南省富宁县坡芽村《坡芽歌书》数字短片	玉溪师范学院	雷家云、杨文煜、徐晓敏、胡海楠	于佳
11	84353	虚室生白	中国人民解放军海军航空大学	鲁泰来、鹿瑞麟	吕海燕、赵媛
12	86891	漫游汉字王国	武警后勤学院	安龙辉、贾琨、王孟琳、高雅琼、王一澎	金锬桃、程慧
13	87875	穆桂英	武警工程大学	徐雯靓、王岚	苏光伟
14	88139	扇子，你从哪里来	西北师范大学知行学院	刘治璞、汤亚婷	冯凯、张金华

12.3.22 2020 年中国大学计算机设计大赛数媒动漫与微电影二等奖

序号	作品编号	作品名称	参赛学校	作者	指导教师
1	68666	书缘	大连海事大学	丁家乐、丁俊源、夏志超	王伟
2	68671	刻雾裁风——刻出来的蔚县剪纸	大连海事大学	刘玥杨、盖耀铭、李霜艳	季昉
3	68681	鸠摩罗什之龟兹佛渡	大连海事大学	马可忆、李家瑜	胡青
4	68878	纸愿——盛京李氏掐纸	中国医科大学	王予萌、刘明睿、王馨羚、孟依琳、赵文旭	徐东雨
5	69045	沈阳故宫：我们在未来相遇	沈阳城市学院	明柳、孙莉媛、汤亦豪、李想、杨子琪	乔睿、杨帆
6	69070	楷书之美	华南师范大学	曾成昌、麦艮廷	丁美荣
7	69239	花木兰	海南师范大学	黄伊珑、陈舒贤、林安琪、朱德贵、陈香凝	杨路鑫、邱春辉
8	70382	昆山之玉，川流不息	南京大学	白雪童、卜云帆、黄馨柔、戴静怡	许莉莉、陶烨
9	70696	柳琴戏	大连工业大学	周杨、李臻、薛勇、倪嘉璐、刘澳	康丽
10	70846	如果书法会讲话	辽宁大学	张可欣、孙天赐	梁秋栢
11	70847	孔雀东南飞	辽宁大学	徐洛冰、袁俊珂	王志宇、郑钧夫
12	70848	探秘毛南	辽宁大学	梁佩	周应强、王冀
13	70869	飞阁流丹	苏州大学应用技术学院	潘兴贵、刘永飞、余佳星、徐旬	曹亮亮、王荣
14	71178	品·茶	南京医科大学康达学院	李新宇、蒋敏、祝裕高、于洋	耿丽娟、陈静
15	71605	年的传说	北京科技大学	崔园昕、刘元媛、尚昕	李莎、宋晏
16	71606	光影	北京科技大学	李一萌、刘志欣	李莎、李莉
17	71779	运之传城	沈阳体育学院	李卉、李得心	刘斌
18	71876	刀尖上的舞者	常州工学院	徐安迪、赵云、Krylovskiy Artem	张建波
19	72252	辉光之城——射阳	盐城师范学院	王旦、路庆萍、叶静文	张祖芹、丁向民

序号	作品编号	作品名称	参赛学校	作者	指导教师
20	72547	荆楚汉绣	武汉理工大学	陈雅雪、林向博、张晨	刘艳、彭强
21	73054	醒狮精神	广东外语外贸大学	董永豪、邓心怡、梁思恩、吴霜、王晓曼	黄伟波
22	73690	滚滚长江东逝水	沈阳化工大学	林新丽、葛振澎、王祥坚	郭仁春、葛晓宇
23	73759	人间"瓷"话	海军大连舰艇学院	刘家红、钟宇杰、李雨龙、周福健	王辉、张晓雯
24	73973	千年匠造 奉国遗韵	沈阳工业大学	凤吉泽、郭富、沈儒风、高继聪、闫震	李毛、王伟
25	74916	筝筝纸鸢	深圳大学	高雅颖、许诺、刁瀚城	曹晓明、涂相华
26	74918	丝路遗珠·喀什土陶	深圳大学	张蕊、曾倩昀、王笑棉、王若臣	廖红
27	74919	皮影说"福"	深圳大学	黄诗曼、曾敏纯、覃瑶、苏奕斌	陆元明
28	74924	海上民乐共潮生	北京语言大学	刘佳雪、陈曼婷、田霈垚、杨延	云国强
29	75218	王维跳井	运城学院	平佳琪、亓荣晨、李建宏	马美萍、王彩霞
30	75219	关公智	运城学院	曾旭婷、黄飞	廉侃超、李妮
31	75235	汾清酒长	运城学院	刘一彤、张家山、王昊、靳雨庆、孙发	梁蓉
32	75238	情系马头，梦绕琴声	北京体育大学	何少扬、张家伟	刘玫瑾
33	75365	万树桃花映小楼	沈阳科技学院	唐帅、郑森宁、杨柳、白浩言、施文皓	刘涛、刘佳
34	75891	嚎啕社祭——池州傩	武汉体育学院	汪祎、杨新、轩华蕾	李光军、周建芳
35	77613	徐沟背棍	长治学院	贾娜、卫雅婷、田昕、王瑜、王豆	李翻
36	78588	年的习俗	湖北文理学院	吕惠珊、韦李彬	张臣文
37	78705	寻找土司古迹	辽宁师范大学	秦宴如、杨雅琼	嵇敏
38	79812	刻意江南	滁州学院	王子阳、高如玉、陈栋花、唐洪利、岳伟	李振洋、施韵佳
39	80083	慕茗而来	安徽农业大学	童彤、姚程	石硕、金秀
40	80290	风华百年大帅府	大连理工大学	王语涵、付煜、郭超	张驰、金博
41	80413	蝴蝶泉边扎染美，民间工艺世代传 ——大理扎染工艺纪实	云南财经大学	顾今、董毓涵、刘玉珠、周灵惠、王海川	王元亮
42	80585	歙溪澄中万年石	安徽大学	方煊、宋雪、王子怡	郑海
43	80947	墨染青石，梦入徽州	阜阳师范大学	陈杰、陶正然、苏诗彤	王秀友、王浩
44	81738	杜氏刻铜皖具匠心	合肥工业大学（宣城校区）	计开、林宇灿、汪书悦、李方进、秦蓉	王宜川、李澍
45	81989	年画传说	曲靖师范学院	梁大兴、尹忠发、赵志娟	何云亮

序号	作品编号	作品名称	参赛学校	作者	指导教师
46	82106	杏林春暖，陶韵悠长	云南民族大学	朱银杰、沈迪、赵云姣、杨文秀、罗倩倩	陈名红、叶艳青
47	82107	布衣风情	云南民族大学	叶汤艳、梁沙沙、赵旭、李谷丰	潘小霞
48	82628	大运河	南开大学滨海学院	周诚、王小希、孙京晶	董焕芝
49	82916	安昌的蜜语	杭州师范大学	史涛、沈维、章媛婧、贵轶轩、郑雯雯	关伟、蒋加之
50	83002	峨山彝族刺绣	玉溪师范学院	王清媚、胡金兰	于佳、李学孺
51	84329	匠心	中国人民解放军海军航空大学	张依栋、韩宇轩、欧阳逸、高子健	邢翠芳、王凤芹
52	84645	木上生画	郑州航空工业管理学院	王思浚、赵豪博、刘静仪	宋男
53	85339	古都丽影——汴梁近现代传统文化缩影	河南大学	张嘉幸、何佳溪、毛文康、李倩茹	燕俊、刘俊男
54	87273	疫情患难 中国结心	郑州大学	张世宇、侯树洋、万隆、王献一、邢璐	姬莉霞
55	87523	观山海	同济大学	崔纪泽、陈也、裴耀文	李湘梅
56	87788	中国木艺	西安培华学院	倪毅辰、肖瑶、林士桢	李艳、黄玉蕾
57	87816	无字史书	解放军空军工程大学	何昱飞、刘少凡、胡笑	车敏、余旺盛
58	87879	山海风韵	国防科技大学信息通信学院	马麟、范钦铎、赵智轩、李心语	杨娟、李忍东
59	87886	"文"化	同济大学	王欣妍、岳恩江、姚宇晖	李湘梅
60	88019	千年传承——"筷"文化	兰州城市学院	常玉晴、申玉婧、魏巍	张榕玲、冯中毅
61	88248	侗绣——传承与发展	桂林理工大学	李倩、张健、郑相龙	周大镕、陶雁羽
62	88403	茶马史韵	电子科技大学	戴可、刘同语、王苑宇	周舟
63	88466	说谈脸谱	内江师范学院	余佳运、江翰林、王金垚	胡晓容、杨雪琴
64	88490	手艺·黑陶	西南石油大学	张馨月	李醒岚
65	88509	月下元宵	中国人民武装警察部队警官学院	柏睿伦、朱霆轩、胡治文、刘文俊、曾建兵	郑力明、黄正兴
66	88703	葫芦烙画	吉林大学	王君娜、王怡丹、唐红佩、邓彪、赵釜琳	许志军、杨举
67	88762	摊儿	吉林外国语大学	杨鹏达、熊佳鹏、赵子健	王菲菲、梁燕
68	88990	拾色诗中——古诗词中的中国传统色彩	上海外国语大学	陆佳钰、姜洵、崔冰倩	李雪莲

12.3.23 2020 年中国大学计算机设计大赛数媒动漫与微电影（专业组）一等奖

序号	作品编号	作品名称	参赛学校	作者	指导教师
1	69227	簪魂	海南师范大学	何紫薇、孙彪、刘阳、李松、魏俊镐	胡凯
2	69496	一年又一年	东南大学	赵翌含	傅丽莉
3	70309	东有敦煌	南京大学金陵学院	黄建涛、侯文鑫、李洪波、董馨谣、薛微	郭静
4	70377	徐州非物质文化遗产烙馍	三江学院	戴文辉、葛嘉辰、路涵君、王世珍	沈洵、蔡志锋
5	71968	京影新韵	中央民族大学	米惠华、郑苑萍、张曦文、马冰燕、索菲亚马珮妍	吴占勇、毛湛文
6	72132	一梦·四合	南京航空航天大学	孙国栋、周子帆、张照晗、赵珺、许宏峰	汪浩文、范学智
7	73412	红头船与天后宫娘娘	广州大学	陈林铎、卓思成、陆玉萍	李小敏、徐志伟
8	74498	我来自苗	中国传媒大学	许圣林、周靖雨、郑宇高、付雅楠	崔蕴鹏
9	74927	梅林	北京语言大学	黄丽婷、罗锐、农澳环、王雁昊	徐亦沛
10	76355	子非鱼	大连东软信息学院	张景铭、许晓艺、刘佳诗	张明宝、李想
11	76509	再现仇英，梦回桃源	中南民族大学	孙一帆、韦崇杰、吕梦璇	夏晋、熊清华
12	78352	辽风汉韵 镇北医巫闾	辽宁工业大学	焦少朋、刘鹭、刘鹏、宋紫琦	刘耘、李敬峰
13	78359	神韵敦煌	辽宁工业大学	郝彤彤、刘凯月、李泽政	杨晨
14	81216	秋梦	安徽师范大学	张文韬、李笑含、刘亦阳、姬祥	孙亮、余紫咏
15	82367	融创	怀化学院	解晓涵、杨建平、谢丽珍、李嘉豪	向颖晰、王玮莹
16	86075	海城祷歌	福建江夏学院	孙元真、郭艺婷	林俊
17	86501	梦回大唐	陕西科技大学	卢娅阁、牛晓舟、吴婧雅	侯卫敏、米高峰
18	87737	《黄帝女妭》立体书绘本	西北大学	张丹	周焱
19	88167	罗竹清香笼	梧州学院	詹海秋、刘绪泽、廖瑞勇、戴月嫦、孙亚楠	宫海晓、邱臻炜
20	88488	抗争	梧州学院	郑佳凤、廖鸿钧、林水凤、黄晋杰、张雨红	贺杰、宫海晓
21	88909	水漫金山	成都理工大学	张美玲、崔嵩、杨丽、唐雪瑞、何厚辰	黄于鉴、陈卓威

12.3.24　2020年中国大学计算机设计大赛数媒动漫与微电影（专业组）二等奖

序号	作品编号	作品名称	参赛学校	作者	指导教师
1	68883	嘻哈酷肖	江苏海洋大学	刘欣、高亦婷、宗静瑶、张珊、俞颖	王栋、杨清
2	68885	祥瑞志	江苏海洋大学	高晨、王珂、韩巍、王建慧、杨静雯	王栋、杨清
3	68991	三姨的酸菜	大连财经学院	石铖、高圣凯、刘林昊	王莉莉
4	69005	灰承	韶关学院	邵秋月、傅沈钧、刘志源	滕厚雷
5	69020	陶上功夫	韶关学院	戴友锋、郑温仪、伍皓蓝	黄德群
6	69339	拗九节	三明学院	林永垄、沈晓滨、俞航、蔺子轩、陈小江	王涛、张欣宇
7	69522	笔锋尖上，不减毫情	南京邮电大学通达学院	胡笑莹	卢锋、张金帅
8	69531	盆山烟翠	南京邮电大学通达学院	刘淑琳、冒成明、彭仕燚、黎莹杉、李延晨	王斌、王琪
9	69740	过门笺	南京晓庄学院	王艺舒、陈鹏宇、李旭辉、李飞、董越	赵延彪
10	70083	敦暮图录	辽宁科技大学	杜留亚	王琼
11	70311	岁朝后宫百态	华侨大学	戴晓芬、刘育汝、徐硕	萧宗志
12	70315	循技刻史	南京大学金陵学院	马雨辰、楼羿池、戴雨轩、冯成璐	蒋晓艳
13	70744	天工趣绘	厦门华厦学院	王鑫	林舜美、盛映红
14	70955	墨者丹心——墨家神机	长江大学	曾凌霄、龚世鹏、罗浩丹	王迪、朱国庆
15	70974	艺韵之承	盐城师范学院	吕娜娜、赵艺涵、陈佳奇	岳峰、姚永明
16	71380	四兽因缘——敦煌插画文创设计	辽宁师范大学	闫蕾	鲍艳宇、范世斌
17	71390	老陆家的年味	江苏理工学院	焦奇、张猛、张宇涵、陈漪雯、王哲伟	高伟、张杰
18	71392	细观玉轩吟	江苏理工学院	崔昊远、李巧莹、黄月月、李开敏、符蓉蓉	高伟、郭丹
19	71553	情迷敦煌	厦门大学	贺铃芸、夏文雁、戈雪婵、石成龙	刘方
20	71842	台上人	南通理工学院	王芸芸、冯彦萍	朱长永、王哲
21	72068	疾疫	武汉传媒学院	邢朝阳、陈语何、于舰勋	刘玫材
22	72069	锦绣凤凰潇湘边城	武汉传媒学院	梁文旭、侯雨辰	刘玫材
23	72241	方圆之间	南京邮电大学	陈浩宇、王昊意、吴光晔、李钊光、顾佳亿	卢锋
24	72275	宫梳名篦	南京邮电大学	李想、彭鼎文、汪曙璨、徐成杰	王克祥
25	72544	奶奶的京剧	武汉理工大学	李世翔、邹晓海、蒋千奕	郑杨硕、武海龙

序号	作品编号	作品名称	参赛学校	作者	指导教师
26	72571	侨归故土，立之为园——世界文化遗产开平立园漫游动画	广州大学华软软件学院	梁明珠、吴鋆、邓天娇、梁浚峰、曾志豪	吴晓波
27	72573	门神	广州大学华软软件学院	沈艳婷、林惠琳、林书仪、邱汝菡、张琪煌	曹陆军
28	72596	北岳烧酒	山西大同大学	王增虎、郭思宇	王永花、闫晓燕
29	72764	梦·山海	华中科技大学	杨伟光、唐日彤、姚婉冰	陈雪、朱志娟
30	72796	山哈彩带	华中科技大学	林秋艳	邓秀军
31	73064	着锦袍	广东外语外贸大学	范晓丹、黄晓婷、梁思然、李焯盈、宋昊栋	黄伟波
32	73974	一梦汉字	沈阳工业大学	唐衍宁、康蓝、唐滢、吕佳宁	鲁晓舟、傅琳雅
33	74111	走过时光	太原理工大学	梁晓娟、常棒棒、陈瑞娣、宋奇、杜振宇	周涛
34	74225	敦煌一梦	北京工业大学	刘欣怡、张羽	李颖、万巧慧
35	74601	舞狮	北京工业大学	张丹、刘家瑜、王铭阳	张朋、戴盼盼
36	75081	木兰辞	广州工商学院	许慧茹、苏梓健	梁兵兵
37	75437	传承	运城学院	李星宏、史静静、王若男	贾耀程、李莉
38	75580	古祠流芳	广州工商学院	沈雯雯、利俊毅、陈泽丰、洪浩	廖雯昕、胡垂立
39	75703	中国女子婚服图鉴	江汉大学	尼巽、王艺璇	王颖、杨毅
40	75851	叹为观纸·秦临其境	黑龙江大学	任政、丛之翔、李昊明、赵继隆	韩净、张宝龙
41	75853	传承	黑龙江大学	张舒曼、涂玉芊	宋丽丽
42	76328	印象长沙	长沙理工大学	陈成林、廖心雨、杨鸿康、张永朝、侯俊豪	江朝伟、朱诗源
43	76505	海岛子遗	中南民族大学	宋雯敏、雷雅婷、马月	吴涛
44	76669	上灯台	华中师范大学	黄莉莉、王世凤、白若馨	谭政
45	77328	烬花锁禅	武汉传媒学院	刘家伶	魏雅亭
46	77646	江山雪霁图	沈阳建筑大学	赵振泽、赫衷汉、陈艺丹、胡勇、吴少楠	郭绍义、朱月秋
47	77909	连年有余	辽宁石油化工大学	孙新宇、许乘慧	葛文彬
48	78047	指间芳华	东北大学	魏聪、万俊良	解晓娜
49	78049	妈祖传说	东北大学	欧阳泽光、刘双、周星杰、侯舒康	邹琳琳、霍楷
50	78052	灵官降福	东北大学	曹武璇、蒋琪、林姝璨、韦雨彤、周子琪	霍楷、李宇峰
51	78571	偶无心，传有意——邵阳布袋戏	湖南女子学院	何楚云、曾珺、周雨露、刘嘉	蒋翀、刘树锟

序号	作品编号	作品名称	参赛学校	作者	指导教师
52	78673	情满布贴	湖北理工学院	陈茗馨、曾志彬、张婉莹、陈雪	胡伶俐
53	79089	时光流转汴梁城	大连艺术学院	翟雨航、肖晴、张梦珠	姚麟
54	79098	探索者	湖北工业大学工程技术学院	翁杏、卢雨菲	池成、孙雨溪
55	79448	纸承千年，徽韵犹存	铜陵学院	张甜甜、高寒竹、蒋婉钰、张艳菲	祁晨、杨龙飞
56	79787	楚辞	合肥学院	陶薇	郭慧迪、许琬婷
57	79851	色影·梦桥相会	滁州学院	王昊润、张玉婷、董建、李思穗、梅本健	潘宏、崔华国
58	79859	青铜器·铸	滁州学院	马皖豫、屠新军、柴曦	陈一笑、叶涛
59	79883	溯源——追寻汉民族之旅	长江大学文理学院	邹璀瑾、和璐瑶、胡梦奇	张雨燕、王磊
60	80052	灵判	黄山学院	王庆欢、刘明明、邵静、薛佳玮、唐东威	唐莉、汪海波
61	80060	双手上的纸寿千年	黄山学院	张睿、刁鑫珂、甄毓、曹益珠、张晶晶	唐莉
62	80273	鸬鹚捕鱼	重庆文理学院	刘和莲、邓文进、林俊美子、赖珏岑	刘敬彪、司桂松
63	80499	临江南——烟雨远乌戍	皖西学院	赵飞龙、李方康、柏昊天	谢轩、王见红
64	80660	镜花缘之两面国	安徽建筑大学	陈心妍、王婷玲	谷宗州、姚远
65	81330	善友传	合肥师范学院	韩若钰、马毛、姜媛	杨赤靖、吴文
66	81685	古城文化	汉口学院	姜汶暄、袁润泽、史书豪、孔筱辰、孔欣玥	胡聪、史佳卉
67	82368	经纬的记忆	怀化学院	王振辉、杜雨欣、鞠伟超、苑铭杨、勇佳	向颖晰、王玮莹
68	82369	湘江奇文 江永女书	怀化学院	刘洋、蒋宇成、杨启凡、王鑫、任政杰	余雅师、姚禹伯
69	82944	新竹传	杭州师范大学	朱颖、吕湘宇、黄舒茗、安冉、董若辰	李丰君
70	83244	凤画天成	池州学院	程鸿飞、徐明亮、张兴鑫、杭正荣	曹敬波、王家成
71	83245	窑火燎原	池州学院	傅婷婷、陈宝华	史剑辉、舒鹏飞
72	83574	在合肥——地域文化插画设计	安徽新华学院	刘恩恩、李闯珍	许梅、戚大为
73	83655	守艺人	台州学院	叶思诗、杨姿、瞿凌骁	曹登银
74	83699	五福临门之文化创意设计	厦门理工学院	王言、魏斯杰	张伊扬、郑思红
75	83870	荆棘鸟	浙江传媒学院	方倩楠、潘莹莹、张竞雄、郭梓峰、单皓哲	湛胜平

序号	作品编号	作品名称	参赛学校	作者	指导教师
76	83871	我不是大圣	浙江传媒学院	黄锡佳、丁伟剑、李坤霖	杜振东
77	84067	与甲骨文"童"行	福州大学	何心怡、郑雅菁、刘艳冰、刘璨、陈思灵	陈思喜
78	84248	木·心	重庆邮电大学	林汉龙、颜依婷、余快、王琼	吴飞、田鑫
79	84274	暗八仙	宜春学院	何志平	许梅剑、王晔
80	84555	高山流水	重庆大学	谭英佐、唐珺馨、修晓晴、赵雅欣、李琰琦	朱媛媛、李潇潇
81	84628	花戏楼砖雕的故事	亳州学院	房坤、冯苗苗、温若祺、季燃、李子涵	陈宁、陈孝楠
82	84678	缘·源	厦门理工学院	冯郑瑶、郭艺涵、黄媛	陈凯晴
83	85092	阿妹的花头巾	福建江夏学院	林永佳	王进东
84	85709	傩戏	青岛大学	王雪娇、王雅雯、徐心怡、杜黄永、钟蕊意	任雪玲、段睿光
85	86056	重寻行动	福建工程学院	张秋月、郑恬甜、翁茹婕	熊敏
86	86263	鸟与人类	福建工程学院	胡雅婷、罗海沣、叶治国	陈锋、熊敏
87	86304	唐诗遗韵	杭州师范大学钱江学院	徐通、杨佳琦	李继卫
88	86345	窑火青魂	浙江科技学院	谭沁慈、李迅、戴宛真、胡慧菁、汪亨达	刘省权、楼宋江
89	86502	曲艺腔调	陕西科技大学	陶晓阳、唐蜜、吴鸿睿	侯卫敏、米高峰
90	86750	精卫填海·山海经	河南师范大学	马淼淼、王梦雅、袁举、时梦题、苏畅	敦洁
91	86965	喵来了	福建农林大学	胡淑萍、陈倩娜、苏心	卓芽、王婧
92	86984	动画短片：老小孩儿	浙江万里学院	郑铭萱、潘雯雯	谭书晴、陈实
93	87049	动画短片：山海阙	浙江万里学院	吴语馨、鲍宇	乐思嘉、傅立新
94	87486	刻刀下的传承	河南财经政法大学	王晓娜、郑雅静、武迪、王银宵、张初蕾	陈志垠、郑丽娜
95	87501	钧子世无双	河南财经政法大学	赵晨博、杨文莉、牛思若、彩若为、白昊南	陈志垠、王望
96	87544	天津话	天津外国语大学	陈曦、魏赫、毛羽丰、韩长济	高雅荣
97	87728	青海之寻	西安明德理工学院	姚淞文、李今、齐海辰、樊鸽鸽、严张越	冯强、战涛
98	87738	西安碑林系列漫画	西北大学	金紫桐、魏言畅、曹珂	温雅、刘艳卿
99	88009	《夜宴记》MG动画短片	兰州文理学院	万馨阳	韩延峰

序号	作品编号	作品名称	参赛学校	作者	指导教师
100	88164	鬓角花	梧州学院	陈婧璇、宁玲、卢杰平、韦可儿、林海欢	邸臻炜、宫海晓
101	88228	一路畅通	桂林电子科技大学	韦承昊、许琛、安东雪、田家叶、李璟屹	赵勤恒、卜治寒
102	88249	缘寻黔南	桂林理工大学	罗园甜、易乐怡、农妍颖	于航、符晗
103	88421	云深杜康·羌遗马槽	成都工业学院	龚雨悦、张耀先、罗靖雪、涂潇、吴敖蕾	张世佳、党锐

12.3.25　2020 年中国大学计算机设计大赛微课与教学辅助一等奖

序号	作品编号	作品名称	参赛学校	作者	指导教师
1	68572	一次学会 Dijkstra 算法	大连海事大学	赵安琪、颜炳阳、常宇春	李楠
2	68587	微波暗室 VR 虚拟实验平台	大连海事大学	陈晖、史玉鹏、李大庆	傅世强、李婵娟
3	68628	乌衣巷	南京工业大学浦江学院	林书祺、雷晓慧、宫玉龙	王欣
4	69010	过零丁洋	广东药科大学	陈叶纯、郑壮芬	张琦
5	69219	回乡偶书	海南师范大学	郭雅惠、韩露怡、陈思宇	罗志刚、王觅
6	69286	Scratch 视频侦测带你走进"体感世界"	海南师范大学	赵婷婷、徐文群、陈芳	罗志刚、邱春辉
7	69939	比比皆数学	南京医科大学	周岁清、邓彧、于孟池	胡晓雯、王富强
8	71416	雍雍鸣雁——诗词世界雁初探	南京晓庄学院	夏元超、陆辰烨、程巧	杨欢
9	72032	力的"前因后果"——点燃你的足球梦	中央民族大学	崔艺兰、赵玉、田容至	李瑞翔、蒲秋梅
10	72525	病毒那些事	武汉理工大学	刘毓文、陈凯泽、丁文瑾	彭强、刘艳
11	72976	"乐"耳动听	内蒙古师范大学	韩永顺、爱丽雅	萨茹拉
12	73778	中药学虚拟仿真实验平台	山西大同大学	侯朕、李健强、邸嘉豪	王丽
13	74070	戈壁胡杨知多少	广州工商学院	冯嘉颖、莫茵茵	胡垂立
14	74634	清平乐·村居	武汉体育学院	刘玉、欧阳彦、翁诚斌	茅洁
15	76815	钠些事儿	湖北师范大学	袁子晴、陶梦莹、龚晓艳	向丹丹
16	77029	哥尼斯堡七桥问题	江西师范大学	刘畅、陈春蓉、张雪晶	邓格琳
17	81597	绝色：浅析古诗词里的中国色	石河子大学	李明阳、董克辉、常添元	刘萍、胡新华
18	81602	内存瘦身大作战	石河子大学	许健、许一蒙	康娟、李志刚
19	83482	物质的构成奥秘	安徽新华学院	闫蒙蒙、赵春雨、林浩	贺爱香、李苗
20	84828	迈克尔逊光干涉实验	郑州大学	朱世龙、陈果、赵鑫昭	刘钺
21	85251	5G Is Here	湖州师范学院	刘晓莉、高洁、何钦	王继东、钱乾

序号	作品编号	作品名称	参赛学校	作者	指导教师
22	85898	红外辐射测温枪的测温原理	山东师范大学	邓卓怡、马传隆、武奕璇	杨晓娟
23	86738	立体图形与平面图形	河南师范大学	张君如、裴锦博、胡星宇	赵晓焱
24	87747	理解三视图	西北大学	张陈璇、周玖周、张颖慧	董卫军
25	88642	探究电与磁的种种关系——高中物理电磁感应现象	西华师范大学	何悦、王佳慧、赵晓丽	曹蕾

12.3.26　2020年中国大学计算机设计大赛微课与教学辅助二等奖

序号	作品编号	作品名称	参赛学校	作者	指导教师
1	68784	神奇的画笔	淮阴师范学院	盛子豫、刘欣媛、刘晓林	蒋霞
2	68785	勾股定理	淮阴师范学院	高畅、董洁、陈佳楠	杨绪辉、罗冬梅
3	68807	计算机组成原理虚拟仿真实验平台	南京理工大学紫金学院	夏睿、徐谦、徐煜辉	朱惠娟、戴丽丽
4	68950	中国梦之唐诗宋词德育篇	江苏大学	邵明铭、蔡留宝、郑维维	王华、卜广庆
5	68983	山居秋暝	大连财经学院	苏梓浩、惠诗瑶、周金昱	李鹤、付琳
6	68993	味道的秘密	大连财经学院	高圣凯	王莉莉
7	69002	食物发霉，留神"致命杀手"黄曲霉	广州大学华软软件学院	张琪煌、邱奕、伍青青	吴晓波
8	69117	影子之谜	华南师范大学	郭佳丽、成姝月	张新华
9	69242	勾股定理	海南师范大学	谢兴、李璇、田野	罗志刚、叶成徽
10	70190	平移的世界	广东第二师范学院	邹卓辉、陈丽妍、王跃玲	姜永生、杨彩如
11	70214	哲学家进餐问题——进程同步	江苏科技大学	郭艳、王佳银、吴津瑶	景国良、段先华
12	70234	看见统计	南京医科大学	匡远、徐湘妍玉、吴菁祎	易洪刚、赵杨
13	70352	疫苗的人体之旅	南京医科大学	江一航、刘悦晨、涂昱宇	金玉翠、李凌云
14	70408	我叹浮世清欢尽，只望今朝凤凰来	沈阳大学	肖雨琪、潘冰夷、郑琳	张莉娜
15	70420	古诗赏析《鸟鸣涧》	沈阳大学	盖永晶、秦语、崔双双	苑海燕
16	70448	微视频分析	南京森林警察学院	陈瑞鹏、刘鑫、綦梯彤	王新猛、邱明月
17	70509	月相变化	沈阳农业大学	赵璐、孙佳星、刘宣岐	江红霞、王兴阳
18	70788	圆形的面积	泰州学院	韩燕、高晓茹	华程、徐新华
19	70816	清明节里叹清明	大连工业大学	张文宇、赵利明、储聪	林怡冰
20	71460	网瘾"杀手"——用路由器控制网络的千层套路	苏州大学	王骞玥、龚佳妮	刘江岳、陈贝贝
21	71511	趣学Scratch：走进Scratch的世界	嘉应学院	王浩鹏	肖振球
22	71640	漫谈天文：当古人遇上天文	南京信息工程大学	殷圣赢、任宏艳、周家仲	张友燕、朱庆峰

序号	作品编号	作品名称	参赛学校	作者	指导教师
23	71657	伪装者——VPN	贵州师范大学	洪一珉、黄杰	刘健
24	71761	发于声，止于你	哈尔滨商业大学	李晓珊、林金超、徐子晗	关绍云、金一宁
25	71955	阿基米德原理教学辅助课件	南通大学	虞天芸、徐盈、钱心怡	杨晓新
26	71972	基于 Unity 的一站式中学物化实验学习平台	中央民族大学	王雨濛、穆璇、李浚琪	潘秀琴
27	72278	PPT 遮罩动画	江苏开放大学	齐天宇、冯元、李颖	范宇、赵书安
28	72328	"疫"语道破——传染病认知与预防	南京师范大学	郑佳敏、李炎达、葛桐欣	曹志江
29	72403	"室内设计"课程虚拟仿真教学	海南热带海洋学院	卢海鹏、郑庚穹、陈文通	田兴彦、杜红燕
30	72527	育种路漫漫，求索永相随	武汉理工大学	胡庆玲、高瑞阳、彭源	彭强
31	72821	放大镜下的昆虫世界	华中科技大学	陈秋婵、韩梦露、胡皓然	张健、蔡新元
32	72933	"芯电感应——RFID"微课	北京语言大学	李艳、黄芷玥、安谓瑶	李吉梅
33	73099	排版的艺术	沈阳师范大学	李泓兰	焦烈、裴若鹏
34	73451	你好！辛弃疾	北京工商大学	张恒瑞、邓芙蓉、仝安硕	杨伟杰
35	73466	排序算法之直接插入排序	广东技术师范大学	黄诗嫚、朱惠琳、陈家劲	余佳恕、吴仕云
36	73654	宇宙物理小课堂——光的折射	沈阳化工大学	葛振澎、刘俊宇、李想	高巍、姜楠
37	73936	为什么你的网课这么卡	沈阳工业大学	魏浩林、李其泽、凤吉泽	钟玲、姜育民
38	74072	PS 之走进动漫风	广州工商学院	张嘉茹、陈沅旻	胡垂立
39	74566	应对谣言那些事儿	山西师范大学	冯燕	杨丽勤
40	74651	神奇的斐波那契数列	中南林业科技大学	刘晨璐、黄若辰	黄洪旭、陈楠
41	74653	天空为什么这么蓝	中南林业科技大学	罗珊、刘玉婷、刘果林	陈楠、黄洪旭
42	74747	Photoshop 利用通道抠图	山西大同大学	赵星广、徐嘉澳、李佼	高晓晶、刘立云
43	74794	抵御病毒，且看口罩的十八般武艺	黄冈师范学院	朱思洁、付柳、黄朝伟	胡振稳、冯杰
44	74854	揭开语音识别的神秘面纱	黄冈师范学院	陈闯、戴熊、徐洋	杨改贞、胡志华
45	74909	光的折射之海市蜃楼	深圳大学	萧蕴丹、黄漫婷、何嘉淇	廖红
46	75166	春望	运城学院	成天馨、宁少如、韩婧	南丽丽
47	75302	Moon in Ancient Chinese Poetry——给外国友人讲讲唐诗宋词中的千古明月	北京体育大学	王易、唐樱匀	曹宇
48	75769	物理微课——《电磁感应》	江汉大学	刘林、时嘉豪、陶鹏睿	程锐、周晓春
49	75864	基于 VR 技术的物理实验模拟	北京师范大学珠海分校	董泽宇	黄静
50	76113	非洲猪瘟知多少	岭南师范学院	陈泳岑、郑诗怡、马慧雯	袁旭、徐建志
51	76433	探秘大"苯"营	南华大学	曹源、刘蓓、陈东	李金玲

序号	作品编号	作品名称	参赛学校	作者	指导教师
52	76437	醉花阴	武汉传媒学院	程泽凤	蒋夕欧
53	76464	话寒食	中南民族大学	李彦兴、宋文慧、熊若欣	魏立才、范福兰
54	76472	别开生面测旗高	中南民族大学	王莹、马馨茹、王登	辜媛、魏晓燕
55	76670	一笺花语易安生	华中师范大学	季卓琦、周琬琦、王琬	杨九民
56	76794	胡克定律	湖北师范大学	张勉、杨怡洁、曹义志	邓明华、关卫军
57	76953	趣实验吧——面向青少年的人工智能虚拟教学实验平台	南昌大学	钟国祥、郑婕妤、黄钿	刘伯成、朱小刚
58	77036	土壤的奥秘	华中师范大学	曾依琳、袁清靓、贺婧	常珊珊
59	77200	会长个儿的火山	沈阳工学院	何建楠、姜颖、张竞午	赵一、郭媛媛
60	77561	巍巍山岳铸胸襟	渤海大学	刘祖铭、王欣宇	刘芳
61	77626	动作路径的制作	长治学院	王佳、张凝	韩峰
62	77656	9加几的进位加法	长治学院	毋子佩、翟蓉	张彩凤
63	77851	登高	辽宁石油化工大学	纪国帅、杨月鹏、孙毓	刘培胜
64	77856	人脸识别	辽宁石油化工大学	李政霖、王玉玲、兴有	苏金芝、李志武
65	77997	弧度制	长治学院	任雪舟、施越	闫慧凰
66	78229	Solidworks柔性动画制作	辽宁科技学院	陈霖、衡晓惺、齐委楠	杨光、齐秀彪
67	78293	Robot的耳朵是如何工作的呢?	辽宁工业大学	李晓丹、王立璋、韩风	周城旭
68	78676	酒意诗情谁与共——古诗词中的酒意象	湖北文理学院	付奥丽、熊清晨	张臣文
69	78695	影子的故事	湖北文理学院	王雪阳、汪洁、杜柳艳	郝峰
70	78753	《茅屋为秋风所破歌》Rap新唱	湖北工业大学	占恒桁、徐濛奇、马铭泽	刘涛、喻放
71	79199	基于Unity3D的机制虚拟实验平台	燕山大学	王骞仟、吴冰、丁毅	余扬、李一耕
72	79303	追及问题	湖北文理学院	周灿、梅宇杰、陈明浩	张臣文、汪家宝
73	79957	诗酒风流	安徽农业大学	李乐、王国强、姚雨晴	刘波、李阳
74	80389	函数战"疫"——一次函数图像与性质	巢湖学院	郭创业、郑子龙、郑国风	张勇、刘拥
75	80656	巧说宿新市徐公店	临沂大学	赵亚琳、曾彦、关钺柔	赵春凤、张慧杰
76	80686	绿色小课堂之地球"肺"火中烧	安徽大学	赵梓汐、杨越、夏雪晴	王艳芳
77	80689	边塞诗歌的盛唐气象	安徽大学	林淼、苏润雨、陈甜甜	于蒨、黎林
78	80761	科学旅途之杠杆原理	安徽大学	李梦瑶、郭陶亮、乐思雨	岳山
79	80843	区块链小课堂	皖南医学院	曹心怡、杨培意、于晓	宛楠、杨利
80	80849	肺与外界的气体交换	皖南医学院	杜林虎	张浩、杨利
81	80852	水下烟花	皖南医学院	朱童、吴婉婷	昌杰、宛楠
82	80897	月相的成因	长江师范学院	杨硕、赵红清、周谱旭	陈曦、陈学文

序号	作品编号	作品名称	参赛学校	作者	指导教师
83	81072	与计算机交朋友	新疆师范大学	孙瑞瑞	马致明
84	81077	冬姑娘——梅花	新疆师范大学	曾丹、侯枫橘	李娟
85	81227	栈的故事	安徽师范大学	王昭阳、谭倩瑶、林静娴	许建东、陶佳
86	81236	食物中的营养	安徽师范大学	张妍娟、祁欣、刘晓旭	许建东
87	81295	历史年轮上的汉字	安徽工程大学	杜扬帆、卢舒宁、童波	汪婧、王勇
88	81309	竹石	合肥师范学院	鲁梦琦、王晶、赵艳	吴皖赣、董丹丹
89	82126	一滴水的自述	保定学院	张莹、李璇	王新、李景丽
90	82127	少年历险记——传染病及其预防	保定学院	张静、东子雅	王新、李景丽
91	82283	原子的前世今生	天津师范大学	郭鹏博、季亚鑫、张楚怡	姜丽芬、梁妍
92	82336	追及问题	怀化学院	戴卓君、吴莉萍、曾琴	高艳霞、唐鹏举
93	82388	走进东坡居士——体会情感变迁	安庆师范大学	范静怡、张初阳、张盛	刘萌萌、韦伟
94	82472	汉字里的故事	华侨大学	陈世凡、严凌宇	萧宗志、郑光
95	82999	长江流域珍稀动物交互学习辅助课件	玉溪师范学院	胡海楠、张淑雅、骆瑞	龚萍
96	83032	菩萨蛮·人人尽说江南好	河北师范大学	许洁、姚瑞端、侯萍萍	陈世明
97	83052	解武陵春之万千愁绪	浙江师范大学	蔡金晶、陈怡、张婵媛	李鸣华、黄立新
98	83102	小白的故事 ——IP 协议参数的作用	重庆三峡学院	张凯鑫	罗卫敏
99	83459	二进制的转换与误差分析	陆军军事交通学院	赵林平、丁一鸣、董世伟	阚媛、田家远
100	83507	信息萌芽	云南师范大学	魏红、李佩姿、阿下	杨文正、杨婷婷
101	83794	诗词中的"梅兰竹菊"意象	保山学院	李玥、严帷洁	施春朝、李自美
102	83817	低频电子线路虚拟实验系统	浙江传媒学院	娄鑫浩、高蕊、田欧	章化冰、张赟
103	83979	逐梦科学——光的反射	浙江海洋大学	顾珂涵、周仪、许杨震	叶非宏、宿刚
104	84021	永遇乐·京口北固亭怀古	新疆大学	董一博、杜云飞、潘忠丽	崔青、王崇国
105	84048	大话圆柱与圆锥	新疆大学	杨辉宇、陆辉、帅林	王晓莉、杨晴雯
106	84304	力的概念和作用效果	楚雄师范学院	朱奕霖、聂坤	彭习梅、武健琨
107	84457	turtle 库——绘制团旗	重庆师范大学	刘巧、王静、陈敏	唐万梅、李明
108	84930	垃圾分类大挑战	安阳师范学院	陈世伟、孟昊	田喜平、于亚芳
109	84989	直角三角形的奥秘	南开大学	朱文硕、刘雪茹、吴诗悦	李妍
110	85101	佩奇垃圾分类创意小讲堂	河北大学	任瑞肖、高雅、马红双	段爱峰、崔佳
111	85248	相遇问题	湖州师范学院	余洁、邵雅楠、田彭	王继东、邱相彬
112	85252	沉浮判定	湖州师范学院	林琦、徐潇	付庆科
113	85281	基于 CourseMaker 的区块链科普微课	河南大学	马瑞鹏、李哲锐、徐靖涵	谢苑、栗晓文

107

序号	作品编号	作品名称	参赛学校	作者	指导教师
114	85290	探究磁生电，揭开发电机的神秘面纱	河南大学	胡鹏宇、万相志、申文韬	王立、渠慎明
115	86660	李白Vs苏轼：问月	河南大学	高雅宁、郭一帆	杨亮
116	87256	探寻可视化世界	郑州大学	涂域春、韩抒航、侯佳乐	姬莉霞、曹仰杰
117	87335	平方差公式	河南科技学院	闫昭存、何喜琳、刘亚云	胡萍、冯小燕
118	87608	AI Lab	同济大学	魏鹏程、李卓凡、唐笠轩	王颖
119	87697	基于VR的空客A320综合演练及维修	上海工程技术大学	丁佳明、王建章	李程、施浩
120	87851	奇妙的两种排列——栈和队列	西安建筑科技大学	徐梦茹、刘艺、彭琪	顾欣
121	87866	流水无情亦有情——苏轼文学作品中的水意象	武警工程大学	林雅彬、何豪杰、石子凡	姜灵芝、张爱良
122	87881	微课堂之《渔父》	西安建筑科技大学	赵子昊、周易默、张威彬	王亮亮、王栋
123	87927	Python贪吃蛇教程	上海商学院	陈好、田馨	李智敏、曹然
124	87979	乐chem——基于Python的多功能趣味化学学习软件	华东师范大学	李峰宇、曹琳浚、谢雨	王肃
125	88062	初识化学	西安财经大学	蔡海龙、杨致远、陈金龙	史西兵
126	88281	基于Babylon.js的化学虚拟仿真实验平台	华东理工大学	谭仲夏、张嘉寅	文欣秀、罗千福
127	88293	基于Python的化工学科网络辅助教学平台	华东理工大学	程凯、丁乐为、李欣喆	文欣秀、张琪
128	88371	"E星一役"传染病防护创意微课堂	上海财经大学	管晓懿、朱丹琪、李霄晗	刘桦、刘资颖
129	88461	小熊大闯关之植物篇	四川文化艺术学院	张惠颖、陈结兰	樊琪、郑小庆
130	88501	虚拟装配定制化交互系统	西南石油大学	曹梓源、张依涵、祁小媚	钟原
131	88510	镜中人	乐山师范学院	谢雨潇、杜莲	张贵红
132	88554	电联微课之《卜算子·咏梅》	西南石油大学（南充校区）	曾雨肖、唐晓倩	胥林、王丹东
133	88566	流水行船之护宝奇遇记	四川师范大学	李尚洁、单待、雷利	王灏婕、顾倩颐
134	88641	跨越物种的界限——基因工程	西华师范大学	桑雪梅、王丹妮、苏洪梅	曹蕾
135	88886	CRH2A型动车组ATP虚拟实验平台	西南交通大学	赵睿、杨鑫浩	杨武东
136	88943	心寄诗酒，情溢于怀	北华大学	吴佳洁、王悦、于佰汇	李敏、刘爽

12.3.27　2020年中国大学计算机设计大赛物联网应用一等奖

序号	作品编号	作品名称	参赛学校	作者	指导教师
1	68876	管道医生——自适应变径式油气管道裂缝诊断机器人	大连海事大学	李大庆、张心怡、张天哲	陈颖
2	69031	创联智慧酒店服务平台	韶关学院	苏煜辉、欧倬玮、林佳煜	陈正铭
3	70338	基于RFID的智能防盗系统	河海大学	沈俊儒、戴宇晗、李昭斌	黄平
4	71600	Feeler智能导盲可穿戴设备及系统	北京科技大学	周昱臣、吴平禹、马佳佳	屈微、张敏
5	73386	一种基于5G深度学习的缆索表面破损程度检测装置	广州大学	黄郁婷、方斌、林祖恩	龙晓莉、谢斌盛
6	79036	智能医疗查房机器人	大连交通大学	罗行健、陈林、陈琦	吕斌、梁毓锋
7	79656	脑电控制的Feeding Robot	滁州学院	孙萌、岳伟、林毅	温卫敏、吴豹
8	80000	智能车库系统	黄山学院	金程鑫、丁子峰、王亚萍	胡伟、袁娜
9	81239	Aiot垃圾分类系统设计	安徽师范大学	齐家军、杜鹏飞、穆余	王杨、程桂花
10	81299	智能快递取件系统	安徽工程大学	秦文全、许晶耀、吴庭	章平、刘涛
11	87629	基于物联网技术的智能睡眠眼罩	郑州大学	刘静雅、唐馨、程祥瑞	张博
12	88051	一种基于无人机平台的水面油污监测系统	西安电子科技大学	黄重印、汪永斌、王星辰	李林
13	88398	VLock——基于振动反馈的社区智能门锁系统	电子科技大学	罗嗣达、姜人楷、万斌朝硕	王瑞锦
14	88485	基于逐日系统的光伏发电设备	西南民族大学	李磊、许芷毓、罗利梦	穆磊

12.3.28　2020年中国大学计算机设计大赛物联网应用二等奖

序号	作品编号	作品名称	参赛学校	作者	指导教师
1	68634	基于云服务的桥梁微变感知系统	南京工业大学浦江学院	潘时祥、周星宇、申悦	徐平平、王树军
2	68639	基于物联网的一体化智能体测系统	南京工业大学浦江学院	孙宗恩、王伟烽、陆洋	徐平平、王欣
3	68641	基于人工智能的护花系统	南京工业大学浦江学院	方家辉、宁振国、刘克鑫	王树军、杨小琴
4	68758	基于物联网的医院点滴监测管理系统	江苏海洋大学	符裕亮、郭鹤魁、戴舟尧	薛清、陶莎
5	68765	基于云的家居生活	常州工学院	张俊杰、魏子祥、钱心志	李晓芳、李曙英
6	68824	智能药箱——用科技做家庭的健康卫士	大连海事大学	王晨、潘侠云、郝宁	赵妍
7	68829	智能篮球辅助训练手套	大连海事大学	贾明晖、郭宇森、杨媛翔	柳丽川
8	69434	智慧校园教学楼节能管理平台	南京工业大学	蒋旭、许景澄、陈昱豪	唐桂忠
9	69670	可重构模块化机器人编程平台	广东工业大学	陈余、郭润东、魏桂佳	谢光强、李杨

序号	作品编号	作品名称	参赛学校	作者	指导教师
10	69852	多传感器信息融合和大数据分析的智慧艾灸系统	江苏科技大学	刘禄辰、吕明昊、袁慧	田会峰、张其亮
11	69983	基于物联网的居家康复系统	南京医科大学	尹思梦、邹晓伟、黎一铄	刘宾、向文涛
12	70549	基于树莓派的实验室智能巡检小车	东北林业大学	田恩源、王旭昊	孙海龙
13	70669	基于智能巡航机器人的淡水养殖管理系统	五邑大学	欧涛、侯飞龙、张晓童	张京玲、王天雷
14	70983	多场景智控医疗机器人	海南大学	张家昊、周家豪、邓诗易	吴迪、张雨
15	71050	智浴物联	北京信息科技大学	田瑞希、刘雨琦、黎天宁	赵晓永
16	71269	智能蜂箱报警系统	闽江学院	周志勇、王航、何著	张晓青
17	71804	智慧路侧停车系统	哈尔滨商业大学	王寅文、易宇琦、张子涵	邱泽国
18	72330	基于视觉导航和实例分割的电网无人机巡检系统	南京师范大学	彭雄、金扬、亓霈	钱伟行
19	72621	基于边缘计算的煤矿井下皮带安全检测系统	中国矿业大学	金于皓、张庚昊、李森	高守婉
20	72687	海洋牧场——水下多功能工作平台	海南大学	阮文奥、杨嘉诚、荀宇洁	王咸鹏、吴迪
21	73014	i健康智能睡眠眼罩	中央民族大学	申澳、谷中尉、王宏韬	孙娜、曹永存
22	73247	基于机器视觉与深度神经网络的大棚番茄生长监测与预警系统	韩山师范学院	蔡志鹏、邱智杰	苗利明、朱映辉
23	73248	庙宇火灾初期探测系统	韩山师范学院	梁冯斌、甘浚森、叶超	苗利明、郑耿忠
24	73324	行止——基于实时目标检测的景区客流助手	长沙理工大学	欧阳倩滢、杨玥、潘澳怀	王静、夏卓群
25	73327	tumble warning 物联网生命腰带	长沙理工大学	汪聪、郭莎、何芷馨	熊兵
26	73385	基于深度学习机制和云仓储的全自动衣物包装装置	广州大学	范益、陆庚有、江沐鸿	刘长红、张春良
27	73454	鲁班的后裔	北京工商大学	马虢春、李麟杰、刘庚	廉小亲、龚永罡
28	74383	忆居智能（基于arduino的智能家居系统）	沈阳工程学院	宋英健、饶刚、郭建岐	侯荣旭、彭胡
29	74696	智能电子哨兵系统	厦门大学	张纯洁、张传溢、邹奇强	张贻雄
30	74701	NSD OS 轻量级物联网操作系统	深圳大学	钟文豪、连佳玟、邹夏昊	陈昕、董磊
31	74788	基于人脸识别的乐园个性化服务与游客安全保障系统	中南林业科技大学	马成翀、程乐齐、周富科	郑志安、朱俊杰
32	74793	基于物联网技术的城市安全监控机器人	沈阳航空航天大学	姚春鹏、唐意雯、马金毅	刘艳梅

序号	作品编号	作品名称	参赛学校	作者	指导教师
33	75207	基于 STM32 和 GPS 的驻车安防系统的设计	大庆师范学院	吴世旭、任博、邢姚	李瑞英
34	75451	基于物联网云平台的智能鸡舍	沈阳科技学院	张磊、王瑞、魏然	魏伟、郭丹
35	76033	基于云平台的绿色智能公路系统	三峡大学	唐思佳、侯鑫、胡胜朋	蔡政英
36	76545	工业仿生体感机械臂	大连东软信息学院	韩峰、董赜铭、廖梦浩	刘丹
37	76777	3D 打印机耗材连接器	中北大学	马冲、马田田、吴昊凡	闫晓燕、杨志良
38	76993	电梯智能健康贴心卫士	华中师范大学	胡任重、姚祉含、黄嘉楠	杨青、刘巍
39	77576	海洋牧场实时监测系统	哈尔滨工程大学	郑伟、陈昊卓、李昊伟	孙骞、吕刚
40	77721	多空间环形立体车库	沈阳建筑大学	袁浩、王鑫、李咸儒	许景科、师金钢
41	77782	乒乓"陪"训系统	哈尔滨工业大学	徐子仪、杨畅、曾颖	李鸿志
42	77785	基于双向可见光通信的身份认证系统	哈尔滨工业大学	张久宁、张斯懿、郑辉煌	李鸿志
43	77929	基于 OneNet 的博物馆文物展柜智能保护系统	渤海大学	方帅、王成龙、靳如钰	阎琦
44	78130	基于人工智能的医疗废物管控系统	重庆三峡学院	何春霖、孙明洋、庞子恒	闫东方、宋小令
45	78922	"绿"盒——自动化最小外包装设计	武汉大学	李凌威、赖宇辉	蔡朝晖、黄建忠
46	78939	电厂自检眼镜	武汉大学	徐梓杨、文亦画、刘泽晨	黄建忠、杜博
47	79157	基于多模态安全认证的无钥智能门锁设计	燕山大学	王济瑞、张野效桐	王林
48	79964	新型智能化制曲机	安徽农业大学	商成、叶宏涛、洪瑞康	蒋军、王乃富
49	79966	远程控制智能畜禽喂食器	安徽农业大学	赵文杰、李宇欣、王华东	闫勇、肖双喜
50	80885	Defender——智慧工厂动态监测系统	长江师范学院	向鹏俊、邹玉林、陈秋元	徐儒、曾俊
51	81019	智慧家庭控制系统	阜阳师范大学	李金林、彭冉、张林宇	韩波、李振杰
52	81742	基于卷积神经网络的救援无人机探测器	合肥工业大学（宣城校区）	王晨晨、谢玉山、雷浩阳	张先宜、张勇
53	81836	基于 RFID 的无人机飞行轨迹反馈系统	滇西科技师范学院	成广彦、陈宝丽、李桥春	司飚
54	81960	基于物联网的高校多场景智慧宿舍系统	合肥工业大学	魏于博、杨楠、杨婧可	蒋薇薇、牛朝
55	81963	面向龙钟老人的混合现实康乐麻将平台	合肥工业大学	刘江山、魏丰普、石铭哲	曹力
56	82265	智能垃圾桶	云南民族大学	代兴旺、李国豪、丁国彬	沈勇
57	82878	基于单灯节点多模互联的新能源智慧路灯	昆明理工大学	刘元浩、朱鑫鹏、周晓璐	吴涛、黎志
58	84496	智能垃圾小车	新疆理工学院	李宁超、汪亚东、张振洋	刘超、苗瑾超
59	84994	远在千里之外的手	重庆理工大学	霍昊昌、黄超强、张婷	黄贤英、徐世军

序号	作品编号	作品名称	参赛学校	作者	指导教师
60	84996	云之眼智能监控系统	重庆理工大学	杨珂、汪林、马佳星	黄贤英、徐世军
61	85231	基于云平台的学生宿舍安全监测系统	重庆科技学院	杨渊涵、廖熙珑、姚佳毅	翟渊、吴英
62	85580	智能宠物笼	重庆工程学院	谭胜博、徐浪均、张奇兵	聂增丽、宋苗
63	86498	基于物联网的智能温室控制系统	中国石油大学（华东）	周月杰、张天、高宇航	李永、孙冰
64	86697	Baetyl 轻量级容器工业现场视频监测	天津师范大学	邢昊曈、王君贤、褚文秀	冯为嘉
65	87537	居家隔离智能监管系统	同济大学	辛亚行、许霖熹	邹红艳
66	87627	M-Airbag 个性化可穿戴防跌倒康复辅助设备	郑州大学	侯树洋、王帅博、冀轲	史苇杭、姬莉霞
67	87754	多传感器融合智能温室大棚环境调节系统	西安文理学院	程政明、路晨、董琳怡	李立、雷伟军
68	87796	LoRa 自组网的养老生命体征监测系统	西安培华学院	刘柏良、岳向明、任亚东	李静、严亚宁
69	87820	基于 STM32C8T6 的智能门禁系统	解放军空军工程大学	邬静漪、李嘉悦、吴佳轩	蒋华、杨欢欢
70	87838	大鲵养殖水质环境监测系统	陕西理工大学	张林元、白旭东	郑争兵
71	88033	沙漠播种机器人	兰州大学	卢俊锋、李隋冰	金龙、李帅
72	88066	iLocker 智能宿舍门禁 v2	西安电子科技大学	徐文龙、任俊杰、梁慰赟	许辉
73	88094	会分类的智能垃圾桶	兰州工业学院	杨若楠、吴彦文、高璟帆	包理群
74	88112	智慧城市下无人机融合 GIS BIM 的可视化交互系统	上海大学	肖鸿、郑普若、金语瑢	喻钢
75	88119	电网安全卫士——智能输电线路监测预警系统	上海电力大学	徐世航、曾柯翔、赵易	江超、崔昊杨
76	88244	基于锚杆磁监测的山体滑坡预警系统	桂林理工大学	廖正华、果翠玲、杨秀心	神显豪、罗润林
77	88246	黄斑病变视力自测屏	桂林理工大学	何森林、杨宗润、李念学	邓健志、周越菌
78	88282	基于云平台的异构智能家居控制系统	桂林电子科技大学信息科技学院	张顺顺、杨鸿彪、霍俊杰	唐欣
79	88289	基于物联网技术的智慧云教室管理系统	桂林航天工业学院	徐兆德、李芷倩、许紫函	张余明、朱昌洪
80	88505	智慧城市停车系统	四川轻化工大学	练洪、王琴、刘伟	梁兴建
81	88520	基于神经网络的不良状态驾驶预警应急系统	四川文理学院	郑永杰、陈根、肖风林	刘笃晋、涂朴
82	88664	智能物联自动墙绘机器人	吉林大学	赵祯祥、龚怡然、许世秦睿	王晓光、聂丹丹
83	88786	Smart Care Home 智能家居关怀系统	四川大学	刘瑞佳、周怡、万子义	黎红友
84	88917	基于机器视觉的垃圾分类系统	四川农业大学	付善峰、雷欣、王鸿杰	蒲海波、李军

12.3.29　2020 年中国大学计算机设计大赛信息可视化设计一等奖

序号	作品编号	作品名称	参赛学校	作者	指导教师
1	68644	抗击新冠肺炎	徐州工程学院	杜蕾、王晓雨、田月影	刘阳、张显卫
2	68955	重净之岛——针对青少年的垃圾分类信息图形设计	江苏大学	周瑜、王怡、王昕越	朱喆、戴虹
3	70254	基于网络的单细胞测序结果分析可视化	南京医科大学	祁缘、孟娟、楚天瑶	林雪、邵娇芳
4	70930	檐语	常州大学	孔涵、蒋心昱	万爽、李淑英
5	71803	传染病分析局	南华大学	刘涛、袁鑫、张琪	李金玲
6	72862	红楼梦·可视化赏析信息交互系统	华中科技大学	王泠然、袁梵、柯小芬	张键、蔡新元
7	73522	人间冷暖	辽宁工程技术大学	倪子顺、刘梦媛、岳军	刘威
8	73523	中国疫情动态模拟分析报告	辽宁工程技术大学	孙嘉阳、黄丽、周枫涛	刘威
9	74104	晋系青铜器	太原理工大学	尹广蔚	刘佩芳
10	74213	2016 年以来中国各地区PM2.5月平均浓度可视化展示	中央民族大学	陈德阳	卢勇
11	75086	2020 疫情数据可视化	中央民族大学	王雨潇、范颖颖、李浚琪	潘秀琴
12	78032	漫步四合——北京四合院信息图设计	东北大学	胡悦、茅史琴、黄天意	霍楷、王晗
13	81746	慧学知微——网易云课堂数据分析助手	合肥工业大学（宣城校区）	黄少耀、杜文千、孟晴	宣善立、李明
14	82406	《突破边缘》信息视觉设计	浙江农林大学	韩金锦、崔效瑜、柯莘	黄慧君
15	84107	不如分吧	福州大学	林立、龚林琪、李雅祯	陈思喜
16	85847	谣言止于知者——新冠疫情之正见	浙江工商大学	王昕如、陈亭宇	陈岫、赵侃
17	87554	海的追溯人——海洋参数以及效应可视化平台	同济大学	岳恩江、罗任、吴子豪	袁科萍
18	87642	SDSM 攻击监测可视化平台	郑州大学	赵桦筝、严庆、黄元浦	马建红
19	87751	炪灼——伏羲女娲信息可视化设计	西北大学	蓝钰萱、倪佳寅、麻铭格	温超、温雅
20	88162	宋仁宗"吐槽"大会	梧州学院	黎芳荣、冯惠心、李永馨	邱臻炜、宫海晓

12.3.30　2020 年中国大学计算机设计大赛信息可视化设计二等奖

序号	作品编号	作品名称	参赛学校	作者	指导教师
1	68612	海员说——情迁大海，为梦远航	大连海事大学	张璐、刘震生、张天哲	朱公志
2	68616	海大裕如	大连海事大学	李航、袁昊	周新
3	68730	招财猫	南京工业大学	沈秋艳、赵玉、郭雷蓉	陈岑
4	68911	"一带一路"沿线国家专利技术合作可视化分析系统	南京理工大学	冯海娇、陈巧钰、洪赟	颜端武
5	68956	光耀乾坤——画给儿童的中国古代灯具图典	江苏大学	陈文豪、李柯熠、黄欢	朱喆

序号	作品编号	作品名称	参赛学校	作者	指导教师
6	69041	5G 智慧小镇	韶关学院	余锦程、林芷冰、苏思燕	林育曼
7	69092	图解港珠澳大桥	华南师范大学	钟金萍、莫等娴	李桂英、郭泽颖
8	69094	吃米饭真的会变胖吗?——五分钟了解减脂饮食	华南师范大学	吕思源、王佳慧	李桂英、张新华
9	69259	基于 Echarts 基础教育信息化数据可视化	海南师范大学	尹兴翰	王觅、罗志刚
10	69415	Baiji Spirits（Vanish in silence…）	广东东软学院	刘逆凡、李飞凡、邹宇航	包文夏、刘云鹏
11	69476	《梦付千秋星垂野》TGA 历年年度游戏展示动画	东南大学	苏伊达、李林娇	
12	69557	中国韵味	广东科技学院	陈莞娇、陈健、史烁泓	邓超、甘晓楠
13	69637	万无疫失	辽宁科技大学	郭鹏飞、徐雨婷、刘一纯	袁平、云晓燕
14	69710	疫情之下 hypothalamus	江南大学	陈奕璇、邵灵雁、李心羽	昃跃峰
15	69723	"和"——二十四节气动态演绎	江南大学	龚雅萱、陈雅文、肖海怡	陈晨
16	70029	食野之殇	华侨大学	燕冉、廖雯霞	萧宗志
17	70244	临床试验安全性数据的可视化	南京医科大学	吴雅倩、崔翔、王湘	柏建岭、杨晟
18	70467	基于 Echart 的广东省特色产业数据可视化平台	仲恺农业工程学院	黄峰源、陈泽珊、黄秋盛	郑建华、刘双印
19	70797	中华纸鹞	大连工业大学	张文凤、张婉湄、宋佳怡	沈诗林、王庆
20	70798	中华国风——名楼记	大连工业大学	张佳诺、廉清如、程展鹏	王庆、沈诗林
21	71388	人人爱摄影	江苏理工学院	周毛毛、张宇涵、王哲伟	高伟、戴仁俊
22	71472	大数据视角下的文学作品深度研究及可视化交互平台的探索	苏州大学	李思姗、王燕、杨伊琳	刘江岳
23	71549	看得见的吃——膳食可视化跟踪系统	厦门大学	陈可夫、陈建强、覃龙虎	陈龙彪
24	72145	探秘星辰大海	南京航空航天大学	陈婉柔、孙成佳、孙思婷	范学智、朱琰
25	72189	青铜简史	北京语言大学	孙誉绮、郭春宇、黄小倩	付永刚
26	72333	基于 VR 头显的疫情医学体数据可视化	南京师范大学	汪隶鋆、王海龙、高敏	刘日晨
27	72491	基于 MR 与云端的医疗信息可视化交互系统	武汉理工大学	陈丹凤、刘宇昂、栾凤凯	赵宁、汤军
28	72496	学海拾贝——学术科研数据深度分析工具	武汉理工大学	吴志颖、艾泽坤、王汉成	刘春
29	72795	济世方舱	华中科技大学	沈芯羽、秦莉、张睿丽	闫隽、王朝霞
30	72822	九华折扇——数字化非遗文化信息可视化设计	华中科技大学	陈秋婵、韩梦露	张露、王朝霞
31	72961	敬畏自然,尊重生命	山西大同大学	杨嘉欣、王宇	朱世昕、殷旭彪
32	72983	战略性矿产品价格联动预警可视化系统	中国地质大学（北京）	魏红玉、张宇祺	高湘昀

序号	作品编号	作品名称	参赛学校	作者	指导教师
33	73487	农产品信息可视化设计	北京工商大学	朱琳、俞政韬、陈子煊	孙悦红、姚春莲
34	73993	云冈石窟导向系统信息图设计	太原理工大学现代科技学院	薛敏、李学成、李志钦	高阿普
35	74113	中国节气	太原理工大学	曹雅青、牛歆然、郭雨欣	逯夏薇
36	74217	中国新四大发明	山西农业大学信息学院	柴浩原	杨帅
37	74585	基于VR的回族风情文化数字博物馆	大连民族大学	冯泳瀚、王紧旗	郭丽萍
38	74674	基于疫情时空大数据的可视化和辅助决策平台	中南林业科技大学	佘文庆、聂海涛、陈雨莹	黄洪旭
39	74817	垃圾都去哪了？	沈阳航空航天大学	宋知潼、邹鑫宇、徐旋	任宏
40	74902	图说中华——民俗之美	沈阳化工大学	那子育、马峥、白若冰	李典、刘雨佳
41	75087	大世界小脚印	广州工商学院	陈颖琪	胡垂立
42	75138	基于关系的传染病模型设计及疫情可视化仿真	首都师范大学	梁晨、张春月、庞健乐	潘巍
43	75147	什么是跟腱断裂	广州工商学院	张志杰、陈婉柔	胡垂立
44	75328	三分钟带你看体育大国迈向体育强国之路	北京体育大学	丁品榕、陈佳佳、高翔芸	刘玫瑾
45	75332	魅力新一线，活力体育城	北京体育大学	乔晓阳、许奕昕	杜炤
46	75335	数谋冰球，扭劣则佳	北京体育大学	伍珈乐、刘洋铄、白金	刘玫瑾、潘冰玉
47	76122	四川记忆	中北大学	杜程程、孙欢	张奋飞、王恒
48	76502	欧洲十一国十四日游旅游信息图形设计	中南民族大学	彭忠睿、吕真、李梓樟	黄隽
49	76675	石油加工的秘密	华中师范大学	黎家良、黄莉莉、李昕蔓	王翔、涂凌琳
50	76852	山西农耕壁画信息可视化设计	太原工业学院	郭妍佳、庞琳淑	刘岩妍、袁毅
51	77010	基于机器学习的2019-nCoV疫情数据分析与可视化展示	华中师范大学	徐雅静、吴诗寒、李陈鹏	蒋兴鹏
52	77030	民俗文化信息可视化研究——以福州婚嫁信息图表为例	阳光学院	王月琳、朱榕、许佩珊	庄耘、柯淑芬
53	77105	基于机器学习的智慧教育数据可视化系统	南昌大学	丁南、张宇坤、蒋宇龙	刘伯成、左珂
54	77280	两分钟带你了解熙宁变法	沈阳工学院	田非凡、陈燕荣、刘洋	南溪、赵天华
55	77989	基于Echarts的疫情期间经济主题大数据可视化分析面板	渤海大学	吕智信、庄双双、潘春泽	王艳梅、韩丽艳
56	78033	图说濒危鸟类	东北大学	柯旻、栗辰飞、邓津津	张杨、王晗
57	78035	蒙古印象	东北大学	姜梦昕、侯娇娇、潘姝睿	霍楷
58	78325	基于Python和ECharts的招聘数据分析平台	辽宁工业大学	邓智超、孙胜楠、邓懿轩	刘鸿沈
59	78934	战疫温情2020	武汉大学	阎承越、柯炜量	黄建忠、李华玮
60	78937	中企僵尸图鉴	武汉大学	张嘉旭、罗夕安、帅伟鹏	黄建忠、彭红梅

115

序号	作品编号	作品名称	参赛学校	作者	指导教师
61	78938	焦糖网络舆情分析	武汉大学	高扩丰、李福福、李国豪	李华玮、赵波
62	79410	数据驱动的疫情信息可视化系统	江西师范大学	朱煌、王江山、季海祥	王萍、陈建国
63	79541	基于数据处理的可视化办公平台	中国人民解放军陆军步兵学院	刘德胜、郑育铭	渠红星、刘军
64	80021	徽州廿四节气——徽韵标识设计	黄山学院	张易年	汪海波、左小蓉
65	80730	太行深处的香格里拉	安徽大学	仇硕涵、庞建波	靳锦
66	80853	人类与微生物的斗争——细菌病毒与杀菌技术的科普图表	安徽大学	李牧星、唐辉	王瑜
67	81014	从宏观传播到微观基因的新冠病毒可视化	西南林业大学	梁绪东	赵友杰
68	81318	中国传统节日之春节	合肥师范学院	吴卓凡、项佳伟、喻杰	何磊、曹烨君
69	81319	未来速度之5G时代	合肥师范学院	戴晋、金燕娟、贾瑞凡	唐杰晓
70	81320	香柠檬的气息	合肥师范学院	李娅蒙、叶露、朱丁丁	曹风云
71	81474	网易云音乐数据可视化分析	安徽师范大学	刘晨、赵紫萱、吴晓远	左开中
72	81749	识食物者	合肥工业大学（宣城校区）	王腾美、余梦琳、杨慧祎	周波、李明
73	81750	散落的明珠——中国传统文化地图	合肥工业大学（宣城校区）	程文、龙映伶、温嘉昊	张延孔、冷金麟
74	82037	云简医——医疗大数据可视化系统	江西财经大学	黄浩琴、李仁松、毛中意	廖汗成、黄茂军
75	82113	基于社区网络电影评论数据的可视化推荐系统	云南民族大学	张耀辉、赵浩浩、周怡箫	佘玉梅
76	82539	"食戒"信息图形设计	台州学院	朱亚赛、黄韬、柴丽莉	杜敬卿
77	82657	一同战疫	赣南师范大学	朱婷、蔡秀	杨丹、钟琦
78	82725	大数据物流共享可视化平台	安徽信息工程学院	程涛、段矿、杜成永	姜玮
79	82726	二手房数据可视化分析平台	安徽信息工程学院	袁忠慧、徐荣、白梦瑶	尹辉平、姜玮
80	82904	折纸之亚欧大陆桥	新疆工程学院	武鹏举	卜宇、梁传君
81	83042	基于大数据的学生就业指南分析可视化	南阳师范学院	刘建伟、姚赛、乔琪雯	贾松浩、卢香清
82	83238	居民生活垃圾分类处理流程图	武汉工程大学	王敬扬	葛菲
83	84558	重拾乐园：聚焦未成年人性侵害	江西师范大学	何振婷、范月异、廖艺东	廖云燕、左正康
84	84732	东方醒狮	福州外语外贸学院	邱丹颖、吴雅婷、蔡春燕	官平
85	85665	新冠肺炎疫情图鉴	闽南理工学院	林观中	赖地养、卢瑞燕
86	85702	针对计划性剖宫产的产科住院病历可视化设计	杭州师范大学	陈盼盼、许成、蔡逸源	张佳、孙晓燕
87	86249	飞鸟传书	福建工程学院	陈若若	陈锋、熊敏
88	86257	命运与和谐共生	福建工程学院	林潜馨、郭晨露	陈锋、颜雪洋
89	86779	面向微博的疫情热点及用户情绪分析	南开大学	洪之灏、陈博文、张嘉宇	王恺、闫晓玉

序号	作品编号	作品名称	参赛学校	作者	指导教师
90	86868	青春该有的模样	阳光学院	林鸿婷、周玉珍、刘嘉成	高霞、郗馨
91	87210	你了解美术生吗	山东工艺美术学院	李传锐、林焕杰、王倩	田金良
92	87385	风味江苏	安徽艺术学院	金家萱、张至爱、张兴	马小娅、叶明胜
93	87555	带有推荐和可视化分析的学生自主答题系统	上海开放大学	张和	吴兵、张永忠
94	87749	保护野生动物，守望美丽地球	西北大学	华宸萌、李雅欣	温雅、王江鹏
95	87992	"我自闭了"——自闭症科普	华东师范大学	吕凌静、吴双、章子欣	白玥、陈志云
96	88016	共同战疫	西安邮电大学	卓越	周元哲
97	88034	戴口罩，勤洗手，少出门	兰州大学	秦际镇	赵志立、高若宇
98	88070	社交网络——社交关系可视化系统	东华大学	腊俊凯、董抒凝、黄磊	李悦
99	88071	我织道——纺织信息服务平台	东华大学	苗倩倩、王璇妮	赵晓康
100	88292	药物靶标计算移动平台暨数据库系统	华东理工大学	谭旭尉、胡子雨、鲍雨涵	王占全、李建华
101	88327	广西丝绸之路	桂林电子科技大学信息科技学院	陈新雨、郭一言	韩笑、黄晓瑜
102	88507	白酒文化的千秋画卷	四川轻化工大学	童兴、秦聪、何攀	陈超
103	88843	听	北华大学	姬雨萱、赵博宇、刘文欣	刘爽、丛文

117

12.4 2020年（第13届）大赛获奖作品选登

2020年（第13届）中国大学计算机设计大赛获奖作品选登作品清单如下表所示。

序号	作品编号	作品名称	类别
1	75191	不咕计划	软件应用与开发
2	68876	管道医生——自适应变径式油气管道裂缝诊断机器人	物联网应用
3	81747	行走的东巴文化——基于深度学习的东巴象形文字识别助手	人工智能
4	72973	五岳	数媒中华优秀民族文化元素
5	83062	一饮一琢——基于少数民族饮茶文化建立的少数民族茶包装设计	数媒中华优秀民族文化元素（专业组）
6	74923	一篆方寸间	数媒动漫与微电影
7	74927	梅林	数媒动漫与微电影（专业组）
8	88084	唐风胡韵西市行	数媒游戏与交互设计
9	74898	京绎	数媒游戏与交互设计（专业组）
10	68572	一次学会 Dijkstra 算法	微课与教学辅助

12.4.1 不咕计划

作品文档下载网址：https://www.51eds.com/tdjy/courseHome/
searchCourseHomeDetail.action?courseId=610

■■ ━ 作品信息 ━ ■■

作品编号：75191　作品大类：软件应用与开发　作品小类：Web 应用与开发
获得奖项：一等奖
参赛学校：北京大学
作　　者：肖元安 陈沛庆 马源
指导教师：刘志敏

■■ ━ 作品简介 ━ ■■

　　不咕计划是为大学生设计的时间管理软件，提供作业记录、deadline 提醒等功能。基于 PWA 技术，允许手机、计算机等平台在线浏览，也可以将应用安装到本地。

　　本作品的创新之处在于与大学课程任务的特征相契合：（1）按照"课程、类别、任务"层级管理作业，防止遗漏；（2）通过批量添加与自动补全的方式添加周期性任务，节省输入时间；（3）具有分享功能，助教或同学记录作业后全班同步。

■■ ━ 安装说明 ━ ■■

　　本作品是基于 Web 技术的 PWA（Progressive Web App）应用，服务端部署好后，用户无须安装，仅需用浏览器访问相应的 URL 即可开始使用。

　　可以利用现代浏览器提供的"安装 PWA"功能（如下图所示）单击"安装"按钮，将不咕计划添加到桌面，方便以后打开。

■■ ━ 演示效果 ━ ■■

　　用户登录账号后，因为尚未添加任何内容，将看到空的列表。页面上将显示"新建课程"按钮，单击"新建课程"按钮创建课程。

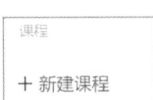

随后，用户将需要备忘的课程、类别、任务依次输入，流程如下图所示。

此后，用户可以随时查看自己尚未完成的任务，并更新它们的状态。

周期化任务提示功能集成在添加任务的对话框中。对有规律的任务，系统将自动识别，并自动填写相关内容。用户也可以批量添加任务。

分享功能集成在属性对话框中，用户选择分享方式为"公开分享"，别人即可搜索到。

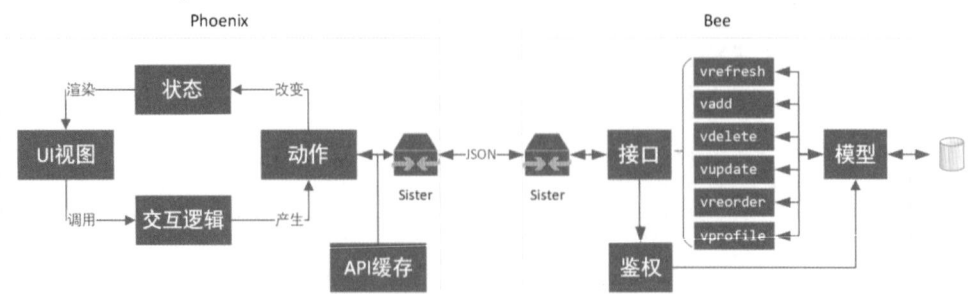

设计思路

不咕计划分为前端（项目名称为 Phoenix）和后端（项目名称为 Bee）两部分。后端实现了多种 API，为前端提供数据，并进行鉴权；前端在用户侧运行，负责数据的呈现和交互逻辑的实施。前后端的交互是通过一种基于 JSON 的协议进行（称为 Sister）。

前后端的整个逻辑框架如图所示。

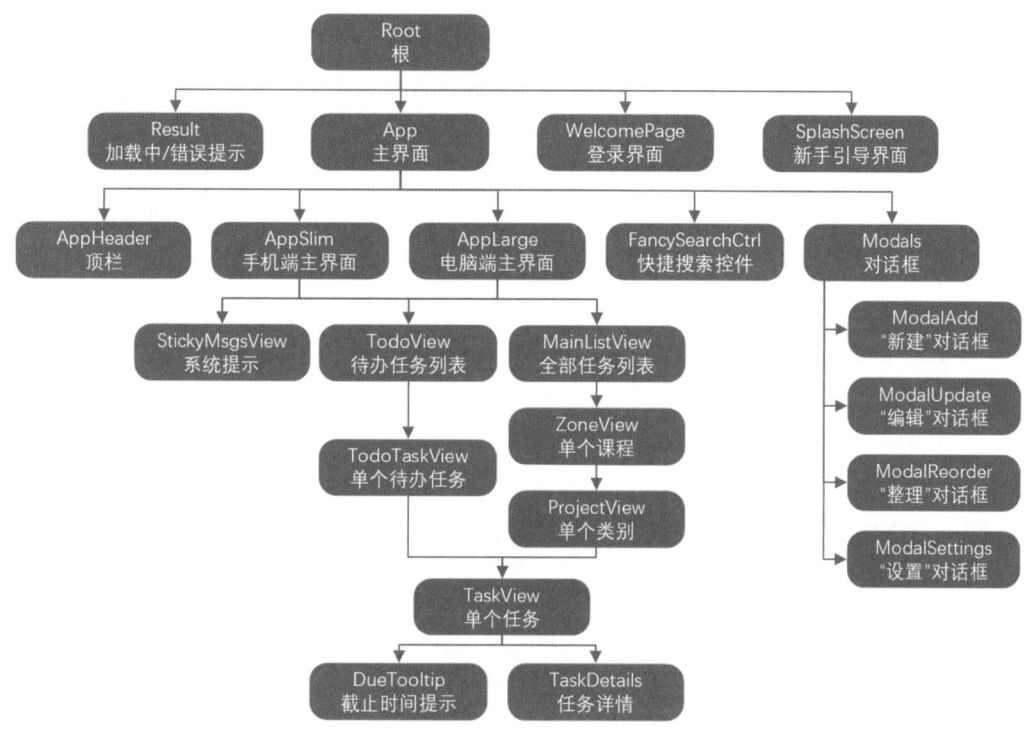

为了交互方便，不咕计划为单页应用（SPA），即人机界面总体展示为一个页面，常驻"待办任务列表"（TodoView）和"全部任务列表"（MainListView）两个模块，页面布局根据屏幕尺寸（计算机或手机）自动调整。其他功能作为对话框（Modal），在需要时展示。

这样的设计符合任务的层级化特点，在 UI 中具有对周期化任务的识别和自动补全的功能，通过后端统一数据库并提供分享接口来支持协同化的分享功能。综上，不咕计划的设计满足了需求分析中提出的需要。

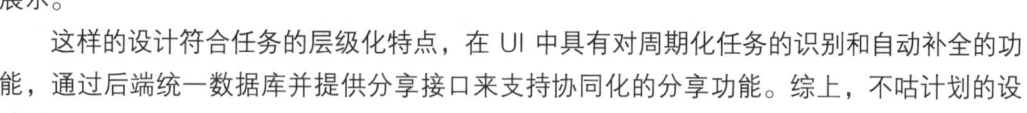 设计重点难点

本作品的重难点是关键算法。

（1）调整顺序：用户可以创建、修改、删除、重新排序相应的项目。为了实现高效的操作，在数据库中将这些数据保存成了链表的形式，每个操作只需改变常数行即可完成。特别考虑了数据损坏的可能性（在线上环境未发生过损坏），如果检测到链表有问题，会自动修复。

（2）日期输入：输入任务截止日期是一项高频操作，为此我们提供了快速输入日期的方式，如输入"15"表示15日，"515"表示5月15日，空格键表示下周，按方向键在日期间移动等。我们采用了有限状态自动机来处理用户的键盘输入。

（3）拼音检索：用户可以输入全拼或简拼，对内容进行搜索。为了实现高效的搜索，前端程序根据内置的字典事先将课程和类别名称预处理为拼音，然后用贪婪算法判断有哪些内容与搜索词匹配，并进行了记忆化以节省函数反复调用时的时间开销。

12.4.2 管道医生——自适应变径式油气管道裂缝诊断机器人

作品文档下载网址：https://www.51eds.com/tdjy/courseHome/searchCourseHomeDetail.action?courseId=610

■— 作品信息 —■

作品编号：68876　作品大类：物联网应用　作品小类：行业应用

获得奖项：一等奖

参赛学校：大连海事大学

作　　者：李大庆 张心怡 张天哲

指导教师：陈颖

■— 作品简介 —■

机器人采用六轮径向辐射支撑结构，变径系统与传感器融合技术实现管道自适应控制。利用实时回传画面，基于管道裂痕图像检测模型完成裂痕自动诊断、归类判级、管道泄漏预警等。机器人可外携其他设备作业，拓展性强。

■— 安装说明 —■

需要特定设备。

■— 演示效果 —■

自适应变径式油气管道裂缝诊断机器人主要面向油气输送管道裂缝监测问题，针对性地解决了以下问题：

（1）6轮单独变径+6轮单独驱动，提高了管道机器人的灵活性与越障能力。

（2）压力反馈的主动自适应控制，根据轮壁间压力信号自动调节牵引力与机器人姿态。

（3）针对过弯过程中的无差速试行法。

（4）基于机器视觉的裂缝图像检测处理。

（5）管道裂缝风险评估模型。

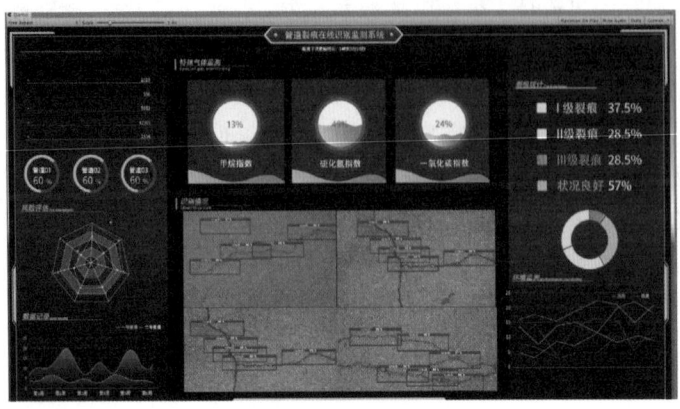

1. 作品总体方案设计

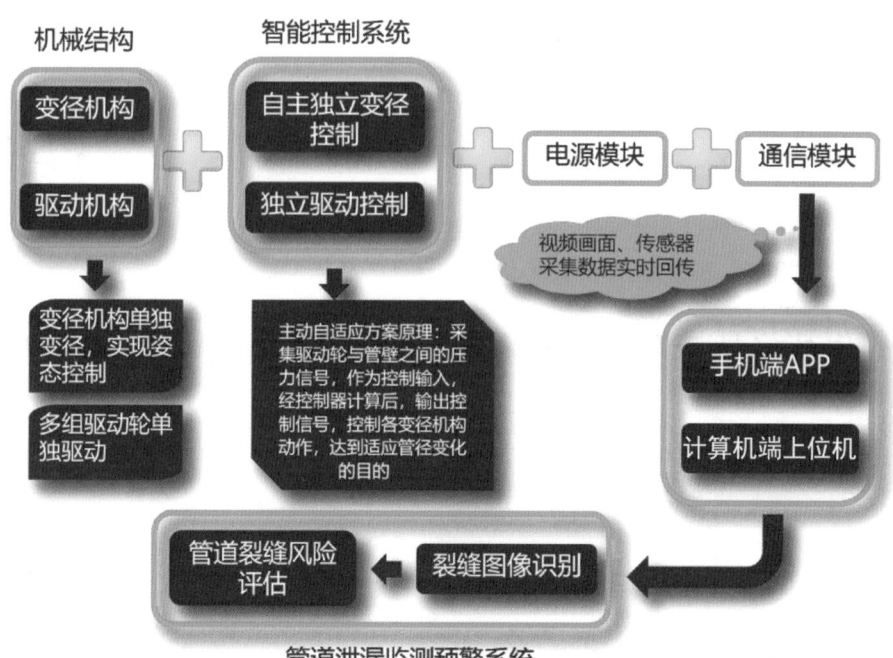

2. 自适应变径式管道机器人研究思路

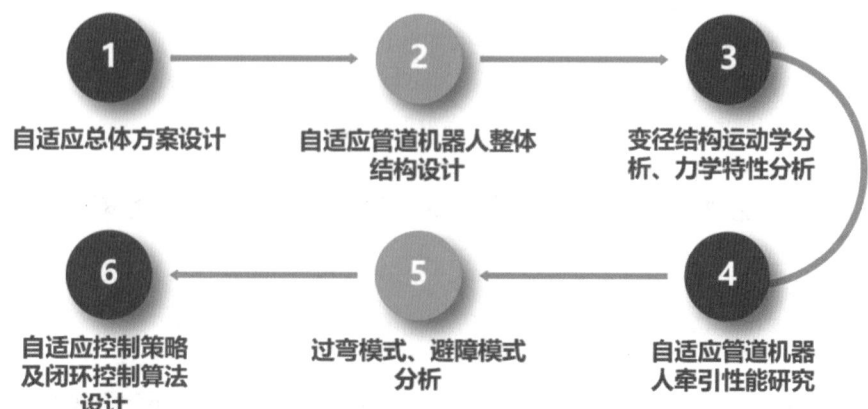

■■■ — 设计重点难点 — ■■ ■■■■■■■■■■■

　　机器人采用六轮径向辐射支撑式结构，保证其有足够的驱动力，其独特的变径结构配合受力传感器、自动控制算法实现机器人在管道内的自适应调节，可以在不同半径下管道内稳定爬行。此外，手机、计算机端可实时观测回传画面并结合人工智能算法进行管道裂痕自动诊断、不同的裂痕数据归类判级等，最终给出管道泄漏预警结果。通过外携其他设备，可利用手机控制，完成腐朽点定位、管道补漏等工作，其拓展性高。

12.4.3　行走的东巴文化——基于深度学习的东巴象形文字识别助手

　　作品文档下载网址：https://www.51eds.com/tdjy/courseHome/searchCourseHomeDetail.action?courseId=610

■■■ — 作品信息 — ■■ ■■■■■■■■■■■■

　　作品编号：81747　　作品大类：人工智能　　作品小类：人工智能实践赛
　　获得奖项：一等奖
　　参赛学校：西南林业大学
　　作　　者：谢裕睿 黄永辉
　　指导教师：董建娥 何鑫

■■■ — 作品简介 — ■■ ■■■■■■■■■■■

　　本作品运用深度学习，用户可以通过拍照、绘制等多种方式识别东巴文字，也可通过语音、字典等方式从汉字检索东巴文字。识别助手还包含东巴文化不同分支的介绍、相关资讯、丰富的东巴古谚语等，功能丰富，实用性强。

　　目前市场上尚未有针对东巴象形文字的智能识别工具。经过不断研究与改进，本作品最终采用识别效果相对较好的 20 层残差神经网络。可应用于相关研究、旅游、保护工作等场景中，兼具手机端与PC端，打破传统纸质出版的单一方式。

■■■ — 安装说明 — ■■ ■■■■■■■■■■■■

　　本作品的GUI界面生成EXE可执行文件，APP可直接安装在Android、iOS上，安装便捷，不需要配置相应环境，但APP使用过程中需要联网。

■■■ — 演示效果 — ■■ ■■■■■■■■■■■■

　　APP 可供用户随时随地使用，智能识别东巴象形文字。界面设计美观整洁，功能丰富。

本作品主要有四大功能：识别东巴象形文字、查询东巴象形文字、东巴文化展示、相关资讯。功能模块如下图所示。

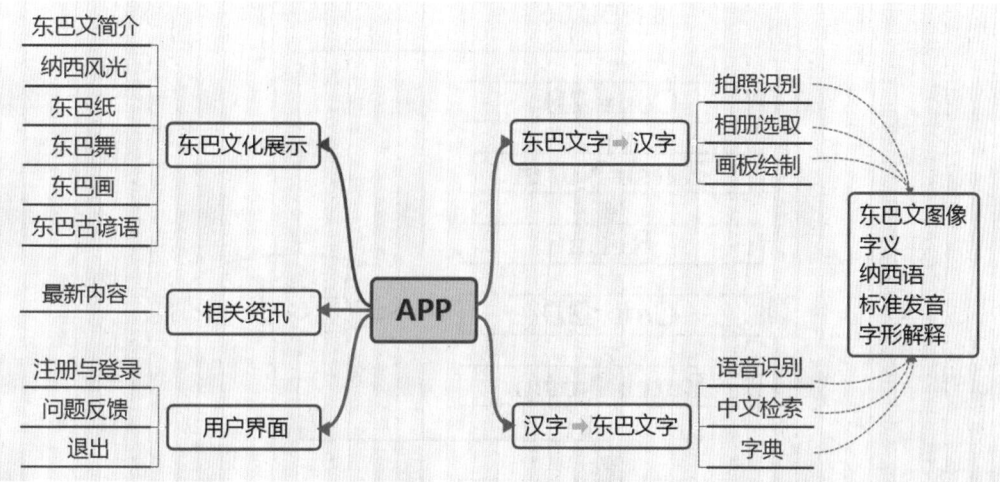

本作品用到的主要工具有 Anaconda、MXNet、intellij IDEA、MySQL、Vue.js、Redis、uni-app。服务器主要完成图像识别处理，数据接收、存储、处理、转发，以及语音识别与解析。整体架构如下图所示。

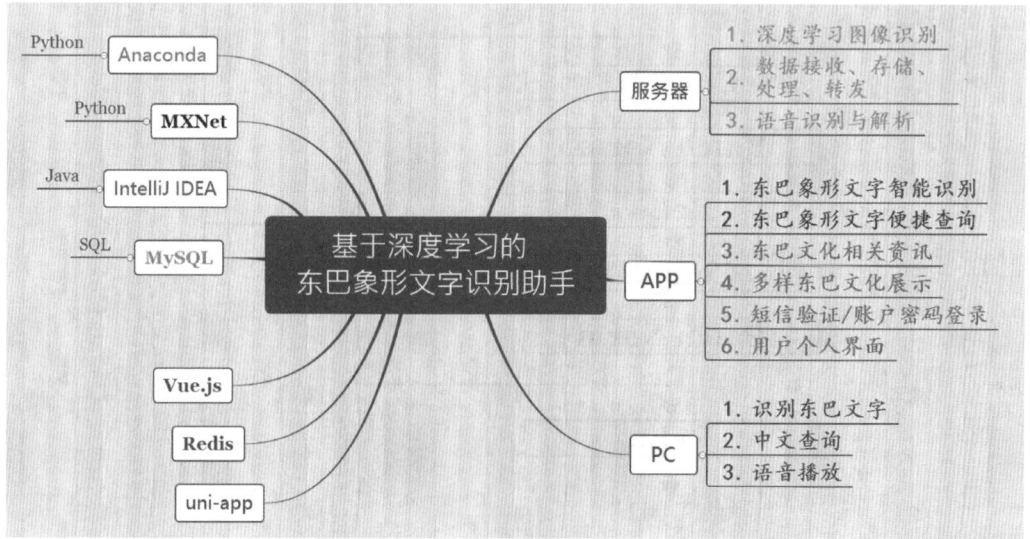

1. 恒等残差块

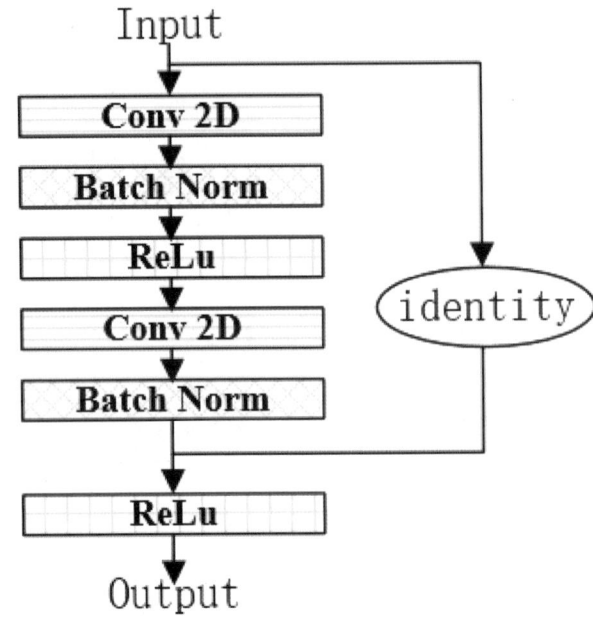

2. 卷积残差块

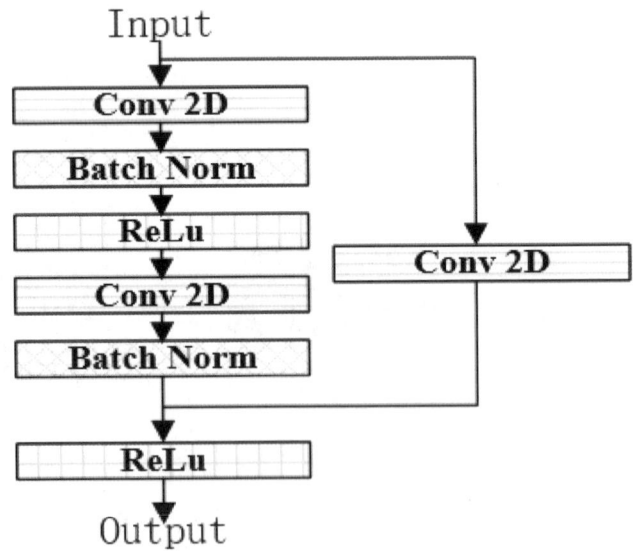

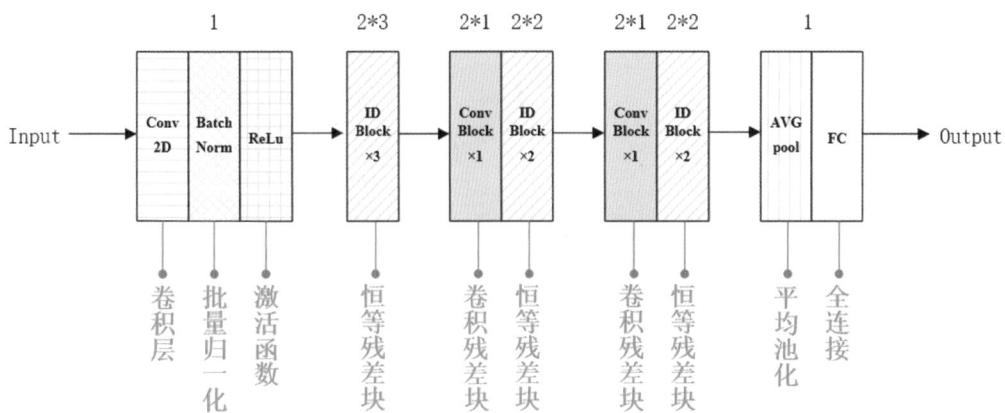

12.4.4　五岳

作品文档下载网址：https://www.51eds.com/tdjy/courseHome/
searchCourseHomeDetail.action?courseId=610

■━ 作品信息 ━■

作品编号：72973　作品大类：数媒中华优秀民族文化元素

作品小类：平面设计

获得奖项：二等奖

参赛学校：中国地质大学(北京)

作　　者：张若琪　王卿欣　胡宇博

指导教师：孙大为

■━ 作品简介 ━■

作品用写实的风格刻画壮美的景色，利用山岳形象刻画原创人物，同时加以运用传统文化神话故事，加入一些科普元素，重点突出东岳泰山之雄、西岳华山之险、中岳嵩山之峻、北岳恒山之幽、南岳衡山之秀。

■━ 安装说明 ━■

无须安装。

(34°31′,113°01′)

中原文化

嵩山

此时不合人间有　尽入嵩山静夜看

129

年似此佳时少　唤起陈抟醉华山

华山

(34°29′,110°09′)

秦雍文化

飙吹散五峰雪 往往飞花落洞庭

衡山

(27°18′,142°41′)

楚越文化

恒山

石壁何年结梵宫 悬崖细路小径通

(39°40′,113°37′)

三晋文化

参考了往年的作品，发现其中宣传中原地区文化的作品相对较少；随着查阅相关资料，不断加深对五岳文化的理解，愈发感受到其厚重历史背景下的魅力；从地理位置上来说，五岳的范围是九州、神州、华夏地域的又一表达；从文化背景和历史渊源上来讲，更是作为一个特殊的群体组合，标识出华夏疆界，指代了中国的江山社稷。

■── 设 计 重 点 难 点 ──→

（1）山岳形象原创人物。
（2）传统文化神话形象的运用。

12.4.5 一饮一琢——基于少数民族饮茶文化建立的少数民族茶包装设计

作品文档下载网址：https://www.51eds.com/tdjy/courseHome/searchCourseHomeDetail.action?courseId=610

■── 作 品 信 息 ──→

作品编号：83062　作品大类：数媒中华优秀民族文化元素（专业组）
作品小类：平面设计
获得奖项：二等奖
参赛学校：浙江师范大学
作　　者：牛利雪 史叶瑶
指导教师：张依婷

■── 作 品 简 介 ──→

饮茶是各民族的共同爱好，每个民族都有着各具特色的饮茶习俗。该作品以各民族的特色饮茶文化为切入点，从各民族的语言、服饰、生活习俗中提取元素，将各民族流传的茶谚语进行分解与趣味重构，设计茶叶包装。

■── 安 装 说 明 ──→

无须安装。

一飲一琢

· 基于中華民族飲茶文化的茶包裝設計

▶ 設計說明

饮茶文化将中华民族紧紧联系在一起，我们从中获取了灵感，以各民族的特色饮茶文化为切入点，从各民族的语言、服饰、生活习俗中提取元素，用民族文字书写茶谚语，并进行文字解构，设计茶叶包装及一系列民族茶文化衍生纪念品。

▶ 解構插畫設計
Deconstructing illustration design

藏·酥油茶

茶无鹽則不飲，言无諺則无引

Tea without salt does not drink, speech without proverbs does not lead

▶ 解構插畫設計
Deconstructing illustration

壯 · 普龍茶

婦水夫茶

Woman's water , man's tea

彝 · 雷鳴茶

喝別人烤的茶不過癮

Drinking other people's baked tea is not satisfying

▶ 解構插畫設計
Deconstructing illustration

維·香茶

茶水喝足，

百病可除

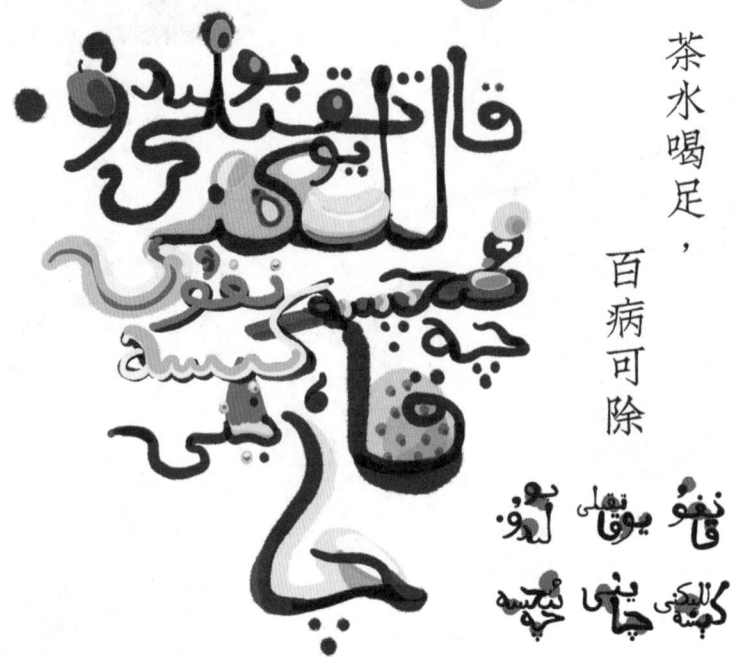

Enough tea cures all diseases

水·灌灌茶

茶三酒四

菜酉

change cups of tea from to wine

▶ 解構插畫設計
Deconstructing illustration

 · 龍虎斗

午茶一盤，
勞動輕松

A plate of tea makes labor easy

瑤 · 油茶

一碗不成，
一碗不成

One bowl not enough, two bowls meaningless

Tea without salt does not drink
, speech without proverbs does not lead

可以三日无飯
不可一日无茶

蒙
·奶茶

▶ 解構插畫設計
Deconstructing illustration design

■■■ — 设计思路 — ■ ■■■■■■■■■

该作品以少数民族的特色饮茶文化为切入点，将民族文字进行分解后，结合民族元素进行趣味的重新构建，画面和谐，色彩丰富明亮，展现了少数民族的生活面貌。

■■■ — 设计重点难点 — ■ ■■■■■■

从各民族的语言、服饰、生活习俗中提取元素，用民族文字书写茶谚语，并进行文字解构，完成设计。

12.4.6　一篆方寸间

作品文档下载网址：https://www.51eds.com/tdjy/courseHome/
searchCourseHomeDetail.action?courseId=610

■■■ — 作品信息 — ■ ■■■■■■■■■

作品编号：74923　　作品大类：数媒动漫与微电影　　作品小类：纪录片
获得奖项：一等奖
参赛学校：北京语言大学
作　　者：张晋 杨苏梅 王薪茹 陈佳昱 李子慧
指导教师：玄铮

■■■ — 作品简介 — ■ ■■■■■■■■■

作品记录了篆刻从古至今对人们生活的影响，展现了以董原老师为代表的篆刻文化爱好者和传播者的伟大精神。作品主要包括"问石""印心""篆魂"三部分，旨在呼吁青年人传承篆刻文化，希望这方寸间的艺术可以获得更广阔的天地。

■■■ — 安装说明 — ■ ■■■■■■■■■

无须安装，点击即可直接播放。

设计思路

本纪录片以篆刻从古至今的文化影响切入，"问石"引出了影片的主人公，在主体部分，重点突出了"印心""篆魂""薪传"三部分内容，展现了篆刻文化对个人修养的作用、篆刻过程的心手合一、篆刻文化传承薪火不绝的希望。

设计重点难点

后期剪辑。

12.4.7 梅林

作品文档下载网址：https://www.51eds.com/tdjy/courseHome/searchCourseHomeDetail.action?courseId=610

作品信息

作品编号：74927　作品大类：数媒动漫与微电影（专业组）　作品小类：纪录片
获得奖项：一等奖
参赛学校：北京语言大学
作　　者：黄丽婷 罗锐 农澳环 王雁昊
指导教师：徐亦沛

作品简介

本片聚焦于泰宁梅林戏的不断发展，将梅林戏演员台前幕后的生活以及梅林戏是如何在这一隅天地代代传承与延续等内容一并呈现给观众。希望能够为梅林戏带来更多的关注，吸引更多的人去了解覆盖上时光尘土的传统戏剧。

安装说明

无须安装，点击即可播放。

演示效果

设计思路

梅林戏是第一批国家级非物质文化遗产，在当地深受百姓喜爱，但外界鲜有人知。梅林谣从清朝流传下来，展现梅林戏演员们走街串巷演出的过程。

本片开篇就以梅林谣进入正题，通过梅林三代人的讲述，让梅林戏以更直观深入的方式走进观众的内心，最后再以梅林谣进行收尾，首尾呼应。整体表达了戏曲除了阳春白雪也可以很接地气的蕴意。影片中，除字体、音乐，部分资料外皆为团队成员的原创内容。

设计重点难点

借片中人物之口讲述梅林故事，梅林谣的三次出现在片中起承转合。记录人物最真实的一面。

12.4.8　唐风胡韵西市行

作品文档下载网址：https://www.51eds.com/tdjy/courseHome/searchCourseHomeDetail.action?courseId=610

作品信息

作品编号：88084　作品大类：数媒游戏与交互设计　作品小类：游戏设计
获得奖项：一等奖
参赛学校：东华大学
作　　者：于陈妍妍
指导教师：张红军

　　作品以解谜游戏的形式呈现，还原唐代长安西市风貌。玩家将化身唐朝人，探秘长安西市，接触唐朝本土风物与舶来文化。游戏中西市商肆林立，商品涉及唐朝生活的方方面面，食物、香料、纺织品、器物、书籍等。

■■■ 安装说明 ■■■■■■■■■■■■■■■■■■■■■■■■■■■■■

　　无须安装。

■■■ 演示效果 ■■■■■■■■■■■■■■■■■■■■■■■■■■■■■

根据线索收集道具、应用道具

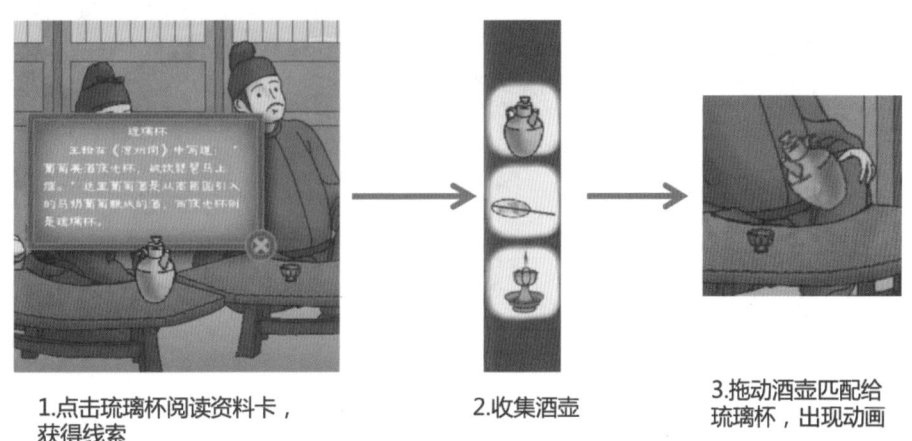

1.点击琉璃杯阅读资料卡，获得线索　　　　2.收集酒壶　　　　3.拖动酒壶匹配给琉璃杯，出现动画

完成3个道具匹配，通过关卡

■— 设 计 思 路 —■

1. 流程设计

流程设计

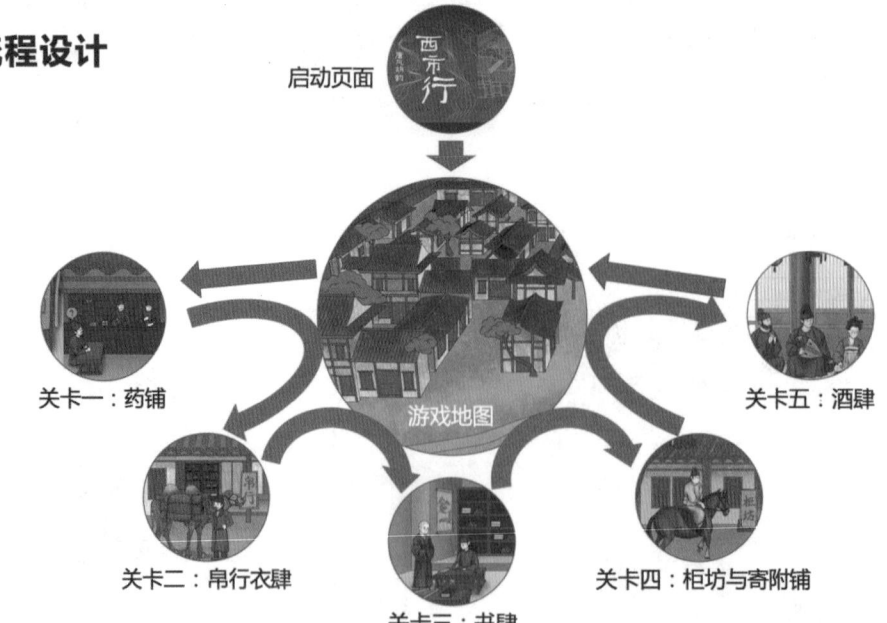

2. 地图设计

地图设计

西市复原模型
（大唐西市博物馆）

- 关卡一：药铺
- 关卡二：帛行衣肆
- 关卡三：书肆
- 关卡四：柜坊与寄附铺
- 关卡五：酒肆

3. 场景设计

场景设计

关卡一：药铺（医疗）　　关卡二：帛行衣肆（服装）　　关卡三：书肆（出版与教育）

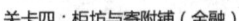 

关卡四：柜坊与寄附铺（金融）　　　关卡五：酒肆（娱乐与饮食）

4. 道具设计

道具设计

关卡一：药铺

关卡二：帛行衣肆

关卡三：书肆

关卡四：柜坊与寄附铺

关卡五：酒肆

5. 角色设计

角色设计

关卡一：药铺　　　　　　　关卡二：帛行衣肆　　　　　　关卡三：书肆

关卡四：柜坊与寄附铺　　　　　　　　　关卡五：酒肆

6. 声音设计

声音设计

音效设计：

🔊 鼠标点击——木鱼敲击声
🔊 点击收集道具——木琴敲击声
🔊 道具匹配成功——高音木琴
🔊 游戏通关——铜锣敲击声

音乐设计：

🔊 古琴曲《离骚》
🔊 唐乐合奏《青海波》（筚篥、琵琶、琴、笙）

筚篥乐师　　　琵琶乐师　　　琴乐师　　　笙乐师

■— 设计重点难点 —■

　　游戏关卡设计。作品以解谜游戏的形式呈现，游戏共五个关卡，随游戏进程五个关卡将依次被玩家解锁。五个关卡将以五种不同的商肆场景出现，如酒肆、书肆、柜坊、衣肆、药铺等，涵盖唐朝生活的方方面面。

12.4.9　京绛

　　作品文档下载网址：https://www.51eds.com/tdjy/courseHome/searchCourseHomeDetail.action?courseId=610

作品编号：74898　　作品大类：数媒游戏与交互设计（专业组）
作品小类：交互媒体设计
获得奖项：一等奖
参赛学校：北京林业大学
作　　者：张潇涵 许双逸 杨子懿
指导教师：董瑀强

■■■ ─ 作品简介 ─ ■■ ■■■■■■■■■■■■■■■■■■■■

　　这款应用的设计是为京剧迷构建一个专属的艺术空间，可以在此完成与京剧相关的一切线上活动，解决他们在一般的APP中难以准确便利地找到自己喜欢的京剧内容的问题，并给广大对京剧感兴趣的人科普京剧知识。

■■■ ─ 安装说明 ─ ■■ ■■■■■■■■■■■■■■■■■■■■

　　在 Mac 系统环境中，下载 principle，然后打开"京绎交互 .prd"交互原型文件，在上边栏"文件"中选择"导出 MAC APP"，便可以体验高保真原型的交互体验，还原真实手机交互效果，交互流程与普通APP无异。（我们发现导出的MAC APP文件无法在网盘间传输，所以只能打开源文件针对性地加载出模拟交互动效来。导出MAC APP不耗费时间，点触即可生成。）

　　推荐配置（安装 principle）：Mac OS 10.11 或更高（支持 10.15）。

■■■ ─ 演示效果 ─ ■■ ■■■■■■■■■■■■■■■■■■■■

1. 功能框架

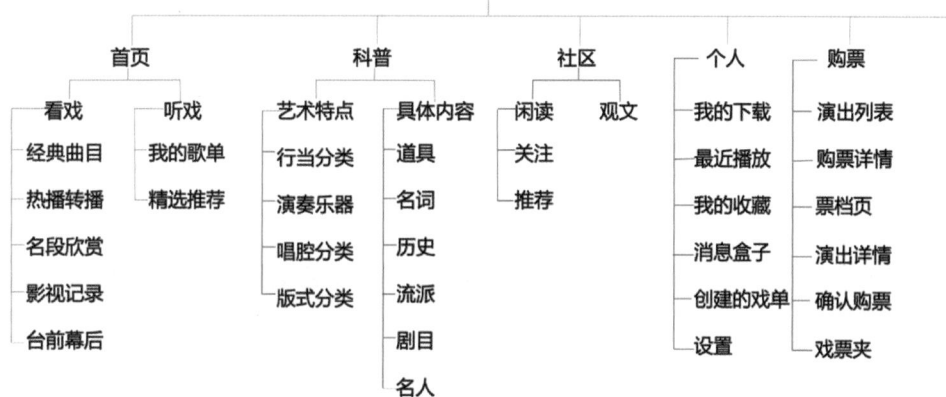

2. 设计过程

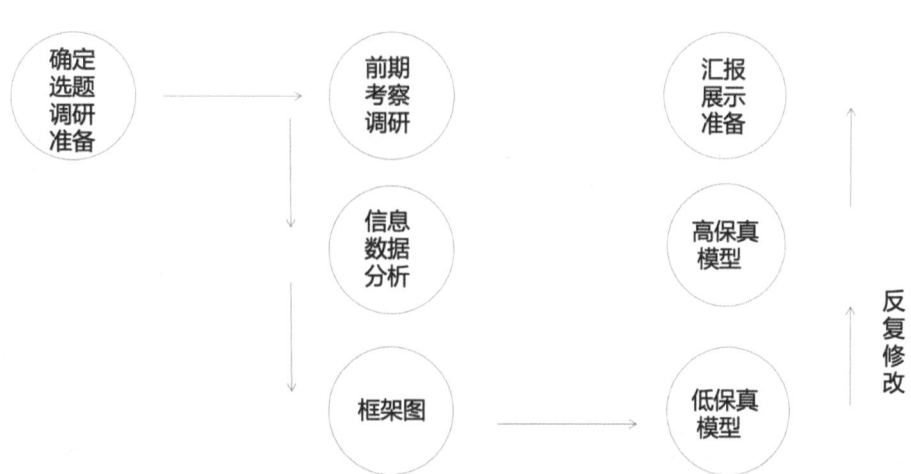

低保真模型和高保真模型的设计。

12.4.10 一次学会 Dijkstra 算法

作品文档下载网址：https://www.51eds.com/tdjy/courseHome/searchCourseHomeDetail.action?courseId=610

■■— 作 品 信 息 —■■

作品编号：68572　　作品大类：微课与教学辅助
作品小类：计算机基础与应用类课程
获得奖项：一等奖
参赛学校：大连海事大学
作　　者：赵安琪 颜炳阳 常宇春
指导教师：李楠

■■— 作 品 简 介 —■■

本节微课围绕 Dijkstra 算法，采用动画视频教学的方式，形象直观，便于学生理解。采用"引入—讲解—总结—习题"的方式编排教学内容，整体教学过程符合学生的认知逻辑规律，主线清晰，简单明了，有利于提高学生学习的积极性。

■■— 安 装 说 明 —■■

无须安装。

■■— 演 示 效 果 —■■

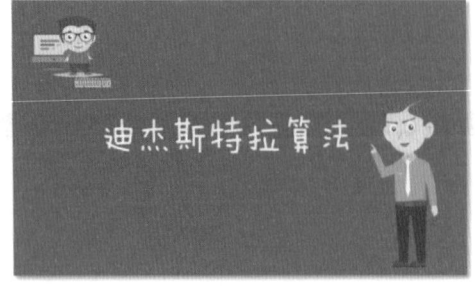
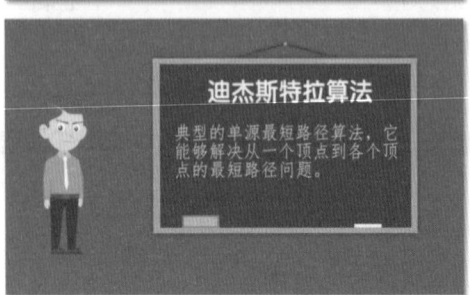

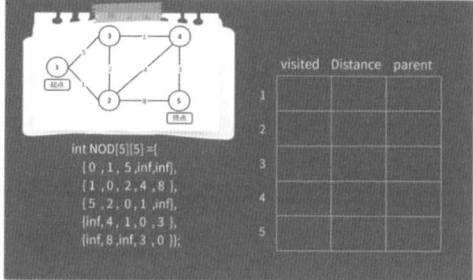

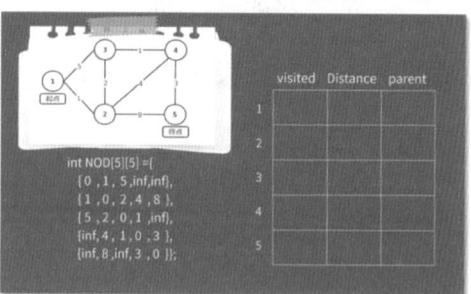

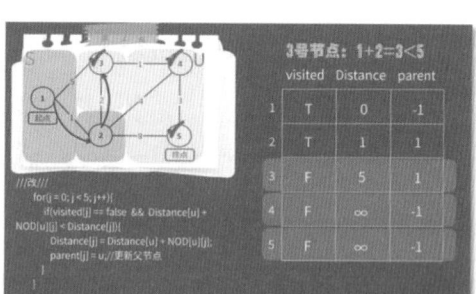

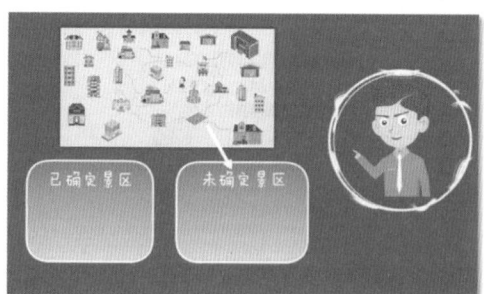

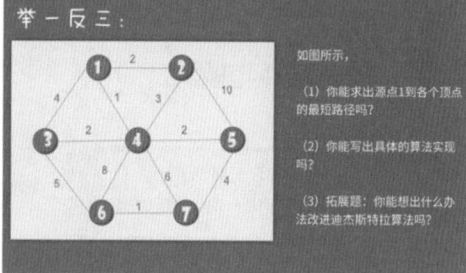

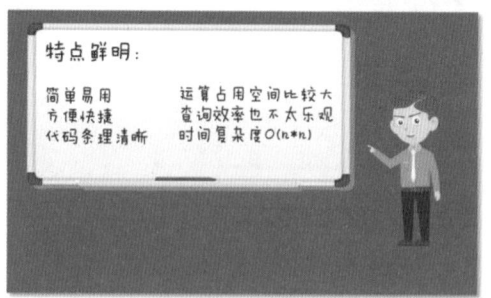

背景引入

初步认识

课程主体　深入了解

举一反三

结束语

课程结构

01 科学严谨
严格检查教学内容，避免存在科学性、常识性错误。

02 引导教学
教学过程符合学生认知逻辑，易于理解，更易接受。

教学设计重难点

03 制作精美
视频连贯流畅不卡顿，声画同步，表述清晰。

04 风格创新
以动画的形式，将晦涩难懂的算法语言具象化。

设 计 重 点 难 点

 技术难点与解决

由于Dijkstra算法的主体代码较长，在视频画面中，不容易一次性全部显示。  将代码分为三个部分，在执行动画过程中，规律循环这三个部分，达到代码与动画的同步与统一。

由于设备限制，在配音的过程中，存在诸多问题，如：杂音多、响度不均等。 单句录制，保证言语清晰准确。语音录入时，首尾停留，方便语音裁剪，尽可能地去除杂音。

缺乏在选题创新、内容创新、风格创新上的灵感与思路。 ➡ 线上调研与分析，结合学生反馈与指导教师建议，寻求出最容易让学生接受的讲解思路。